Python 编程

编程

时间序列分析

入门与实战应用

王　恺◎编著

中国铁道出版社有限公司

CHINA RAILWAY PUBLISHING HOUSE CO., LTD.

内 容 简 介

时间序列分析是一种针对时序数据处理的方法,涉及统计学、数据挖掘、数据建模、机器学习等多种技术。本书系统地介绍时间序列分析的关键方法,主要包括三方面内容:首先简单介绍经典的统计学部分,如自回归与移动平均模型;其次详细介绍常规方法,如线性回归与 Prophet 模型;最后系统论证深度学习部分,如 RNN 与 TCN 模型。此外,实战应用中将注意力机制应用到时间序列分析,通过 Transformer 模型对序列进行建模。

本书理论结合实战,具有很强的实践性,不仅适合企业一线从事技术和应用开发的人员学习,还可作为高等院校计算机、金融或人工智能专业师生使用 Python 语言学习时间序列分析的参考书。

图书在版编目(CIP)数据

Python 编程:时间序列分析入门与实战应用/王恺
编著 . —北京:中国铁道出版社有限公司,2024.2
ISBN 978-7-113-29178-5

Ⅰ.①P… Ⅱ.①王… Ⅲ.①软件工具-程序设计
②时间序列分析 Ⅳ.①TP311.56②O211.61

中国版本图书馆 CIP 数据核字(2022)第 095804 号

书　　名:**Python 编程——时间序列分析入门与实战应用**
　　　　　Python BIANCHENG:SHIJIAN XULIE FENXI RUMEN YU SHIZHAN YINGYONG
作　　者:王　恺

责任编辑:张　丹　　　　编辑部电话:(010)51873028　　　　电子邮箱:232262382@qq.com
封面设计:宿　萌
责任校对:刘　畅
责任印制:赵星辰

出版发行:中国铁道出版社有限公司(100054,北京市西城区右安门西街 8 号)
网　　址:http://www.tdpress.com
印　　刷:三河市国英印务有限公司
版　　次:2024 年 2 月第 1 版　2024 年 2 月第 1 次印刷
开　　本:787 mm×1 092 mm 1/16　印张:13.25　字数:300 千
书　　号:ISBN 978-7-113-29178-5
定　　价:79.80 元

【 前 言 】 >>>>

时间序列分析是一门实用性很强的技术,也是数据挖掘领域的一项重要工具。一直以来,时间序列分析在金融领域有着广泛的应用,常见于统计学、计量经济学中。较为著名的一本书是 Ruey S. Tsay 编著的 *Analysis of Financial Time Series*。近年来,随着信息技术的发展,时间序列分析已经普遍应用于工农业生产、科学技术研究、城市数字化治理等方面。时间序列分析融合了统计、概率论、信息学、机器学习等多个学科的内容,具有理论性较强、新技术快速迭代等特点,到目前为止,市面上还没有一本零基础入门时间序列分析算法相关的书籍。

本书是我在工作期间学习和总结的时间序列分析相关知识和实践经验。在实际应用中,我常常会好奇探索时间序列分析中的理论基础以及算法的实现原理,并尝试采用新技术解决问题,这将有助于更深刻地理解数据。为此,我在知乎上开始发表与时间序列分析相关的文章,也因此得到了很多知友的认可,本书的雏形正是来源于此。第 1 章介绍时间序列分析的数据基础。第 2 章应用统计学的分析方法对时间序列进行建模,介绍经典的 ARIMA 模型。第 3 章介绍一些常规的方法,比如线性回归、Prophet 模型,对时间序列进行快速建模。第 4~7 章开始介绍深度学习相关的分析方法,比如 RNN、TCN 模型,此外,将注意力机制应用到时间序列分析,通过 Transformer 模型对时间序列建模。

我在创作过程中针对时间序列分析相关算法处理的细节问题进行了详细说明,主要是想让读者能够深入算法的具体原理,并根据实际遇到的问题灵活应用。

本书具有以下主要特点:

(1)系统学习:从基础理论逐渐过渡到深度学习,重点、难点依次击破,建立系统化学习过程。

(2)通俗易懂:摒弃教科书式的理论陈述,理论结合实践,采用大量图表、实例等方式阐述难懂的知识点。

(3)讲解深入:对分析过程进行深入剖析,并结合大量视图,能够看到很多知识点的实现细节。

(4)案例丰富:书中七个实践章节中均嵌入丰富示例,重点章节都可配合代码进行实战演练,让你"码上"行动。

本书适宜以下人员学习：

（1）企业一线从事技术和应用开发的人员。

（2）与时间序列打交道的数据分析师、数据工程师、数据科学家。

（3）高等院校统计、计算机、金融或人工智能等相关专业的学生。

为了方便不同网络环境读者学习，也为了提升图书附加价值，本书提供了使用 Python 及其技术库的大量示例代码，读者可以利用它们学习如何解决现实中的时间序列问题。请读者在计算机端打开链接下载获取。

下载网址：http://www. m. crphdm. com/2023/0919/14644. shtml

我在写作过程中考虑到书的逻辑性与完整性，参考了很多文献资料，这些文献资料是许多科研工作者共同努力的成果，在此，对这些科研工作者们表示由衷的敬意。本书对这些成果进行加工，梳理知识脉络，从而形成一套体系化的入门教程。同时，也提供了对应的代码案例，帮助读者更好地将这些成果应用到实际工作中，也希望能够不断在实践中推陈出新。

在写本书前两章的内容时，我参考了 *Analysis of Financial Time Series* 一书；第三章介绍 Prophet 算法，主要参考了来自 Facebook 公司研究人员 Menlo Park 的论文；第五章介绍 RNN 算法，主要参考了来自瑞士人工智能实验室（IDSIA）的研发工作；第六章介绍 TCN 算法，主要参考了来自卡内基梅隆大学 Shaojie Bai、J. Zico Kolter 等研究人员的成果；第七章介绍 Transformer 算法，主要参考了来自 Google 公司 Ashish Vaswani、Noam Shazeer 等研究人员的成果。在此对这些作者表示感谢。当然，本书还介绍了很多其他科研工作者的工作，在此对他们一并致谢。

由于个人掌握的知识水平有限，书中难免会出现一些错误的地方，在此也欢迎大家批评指正。对书中有疑问的地方，也欢迎大家进行交流。

最后，感谢我的妻子李裔婵女士，感谢她长时间对我的理解和支持，这本书献给她。

王恺

2023 年 10 月

【 目 录 】 >>>>

第1章

初识时间序列

正如人们常说的,人生的出场顺序很重要,我们所经历的一切都与时间有着千丝万缕的联系。时间序列就是一门研究时序关系的艺术,通过数据分析揭示隐藏在序列中过去与未来的关系。

时间序列分析方法已经发展了很多年,特别是在金融领域有着广泛的应用,也沉淀下来了很多经典的分析方法。比如研究序列线性自相关性的 ARIMA 模型,研究聚类波动现象的 GARCH 模型等。近年来,随着大数据、人工智能技术的兴起,为时间序列提供了更加广阔的应用场景。在智能检测、风险控制、趋势预测等领域,时间序列都得到了广泛应用;同时,新技术的产生也为时间序列分析注入了新动力。例如,将深度学习模型应用到时间序列分析,推动了时间序列分析智能化的发展。

本章主要介绍时间序列的基本概念,从统计学的角度,引入时间序列分析的基本方法。

1.1　时间序列的概念

在二维空间中,以时间为横轴,另一组数据为纵轴,就可以绘制时间序列。比如每日的气温、人口的变化、股票的价格等。通过时间序列分析,可以研究事物发展的过程,掌握事物发展的规律。

时间序列的顺序是由时间唯一决定的(时序性),沿时间轴采集的数据就像一颗颗珠子,通过时间线串联在一起。世界上发生的任何事件都可以描述为时间序列的形式。

由于对事物的描述不同,时间序列又可以分为单维时间序列和多维时间序列。比如当研究某只股票时,我们可以只分析股票价格的波动;然而我们可能希望掌握更多的信息,比如买入和卖出的交易金额等,这时候我们就需要采集多个指标做联合分析。

对于一段时间序列,前后数据点之间存在一定的关系,这种关系可能是线性的,也可能是非线性的。比如时间序列为 $\{z_t\}$:$1,1,\cdots$,则任意时刻序列都满足线性时序关系 $z_t = z_{t-1}$;时间序列 $\{z_t\}$:$2,4,16,256,65\ 536,\cdots$,则任意时刻序列都满足非线性时序关系 $z_t = z_{t-1}^2$。

1.2　时间序列的特点

时间序列分析是对客观事物发展规律具有连续性的反映,它假定事物过去的发展规律会延伸到未来,通过时序分析,就可以推测未来的发展趋势。一般情况下,客观事物的发展具有以下三个特征。

（1）事物的发展是连续变化的，通常情况下，在单位时间内总是以一个较小的变化向前发展。

（2）过去发生的规律在未来也会延续，过去与现在的关系，也会延伸到现在与未来。

（3）在某些特殊条件下，会出现跳跃式变化，但不会一直持续这种变化趋势。

这就决定了时间序列分析对于短期、平稳变化的预测比较准确，对于长期、跳变的预测会显著偏离实际值。

时间序列的波动特性是隐藏在序列中规律性与不规律性相互作用的结果。图 1-1 所示为沪深 300 指数在 2010—2022 年的时间序列。一个时间序列的典型特征包括以下四种：

（1）趋势：趋势是时间序列在某一方向上的持续运动，现象是在较长时期内受某种根本性因素作用而形成的总的变动趋势。

（2）季节变化：季节变化是时间序列发生的有规律的周期性变化，许多时间序列中包含季节变化，比如煤炭的价格。

（3）相关性：时间序列的一个重要特征是序列的自相关性，它描述了时间序列前后各点之间存在一定的关系，这也是时间序列能够进行拟合及预测的重要依据。

（4）随机噪声：它是序列中除去趋势、季节变化的剩余部分，由于时间序列存在不确定性，随机噪声总是夹杂在时间序列中，致使时间序列表现出某种震荡式的无规律运动。

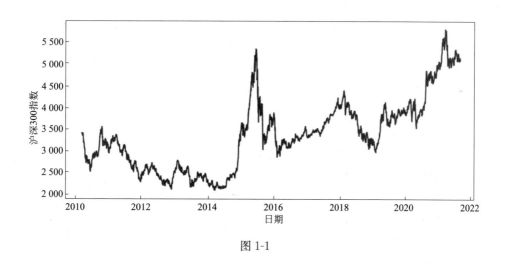

图 1-1

1.3　统计学基础

想要掌握时间序列分析方法，需要具备一定的统计学基础，主要包括统计量和统计检验两部分。本节中会向读者介绍常见的统计量、统计分布以及统计假设检验方面的内容。

1.3.1　常见统计量

常见统计量包括均值、方差、标准差、协方差和相关系数,具体内容如下所述。

1. 均值

均值(期望)是统计学中较常用的统计量,用来表明一组数据中相对密集的中心位置。一般用 u 或 $E(z_t)$ 表示。

对于一组给定的样本数据 z_t,T 表示样本数量,均值可以近似表示为

$$u = \frac{\sum\limits_{t=1}^{T} z_t}{T} \tag{1.1}$$

2. 方差

方差是用来度量一组数据的离散程度。概率论中方差用来度量随机变量和其期望(即均值)之间的偏离程度。统计中的方差(样本方差)是每个样本值与全体样本值的平均数之差的平方值的平均数。数学公式表示为

$$\delta^2 = E(z_t - u)^2 \tag{1.2}$$

对于一组给定的样本数据 z_t,T 表示样本数量,方差可以近似表示为

$$\delta^2 = \frac{\sum\limits_{t=1}^{T} (z_t - u)^2}{T} \tag{1.3}$$

3. 标准差

标准差(均方差)是方差的算术平方根,用 δ 表示。与方差相同,标准差能反映一组数据的离散程度。

4. 协方差

协方差用来度量两个随机变量各个维度偏离其均值的程度,这与只表示一个变量误差的方差不同。协方差的值如果为正值,说明两者是正相关(从协方差可以引出"相关系数"的定义);如果为负值,就说明负相关;如果为 0,就是统计上的"相互独立"。数学公式表示为

$$\text{cov}(z_1, z_2) = E(z_1 - u_1)(z_2 - u_2) \tag{1.4}$$

对于两组给定的样本数据 z_1, z_2,样本数量均为 T,协方差可以近似表示为

$$\text{cov}(z_1, z_2) = \frac{\sum\limits_{t=1}^{T} (z_1 - u_1)(z_2 - u_2)}{T} \tag{1.5}$$

其中，$u_1 = \dfrac{\sum\limits_{t=1}^{T} z_1}{T}, u_2 = \dfrac{\sum\limits_{t=1}^{T} z_2}{T}$。

假设有两个随机变量 X、Y，将它们映射到二维空间中构成散点图，如图 1-2 所示。两个随机变量 X、Y 之间的关系如下：

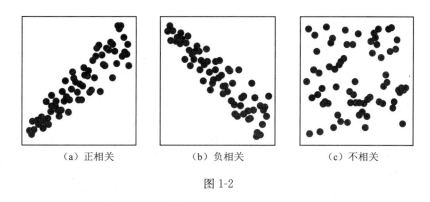

（a）正相关　　　　　　（b）负相关　　　　　　（c）不相关

图 1-2

（1）X 增大，Y 增大；X 减小，Y 减小，即变化趋势相同，称 X、Y 正相关。

（2）X 增大，Y 减小；X 减小，Y 增大，即变化趋势相反，称 X、Y 负相关。

（3）X 与 Y 的变化没有任何关系（相互独立），称 X、Y 不相关。

5. 相关系数

相关系数是研究变量之间线性相关程度的量。在求出协方差之后，我们须考虑一个问题：协方差对应着每一个"协"关系，那么它们对应的比值是多少？所谓对应的比值，我们可以理解为每一个"协"距离整体的距离比值是百分之几。两个"协"对应的整体距离的比值是百分之几，就表示它们之间有多相关。这个相关系数越大，表示这两个数值越有关系。

比如两个序列，一个是以 3 000 多的基数变动，另一个是以 10 000 多的基数变动，它们的绝对数据不一样，但它们的变动比率是一样的。所谓相关性，也可以理解为把两个值统一化，并在同一个维度去评价这两个值的协方差关系。因此这个关系就叫作相关系数。数学公式表示为

$$r(z_1, z_2) = \frac{\operatorname{cov}(z_1, z_2)}{\sqrt{\delta_1^2}\,\sqrt{\delta_2^2}} \tag{1.6}$$

对于两组给定的样本数据 z_1，z_2，样本数量均为 T，协方差可以近似表示为

$$r(z_1, z_2) = \frac{\sum\limits_{t=1}^{T}(z_1 - u_1)(z_2 - u_2)}{\sqrt{\sum\limits_{t=1}^{T}(z_1 - u_1)^2 \sum\limits_{t=1}^{T}(z_2 - u_2)^2}} \tag{1.7}$$

其中，$u_1 = \dfrac{\sum\limits_{t=1}^{T} z_1}{T}$，$u_2 = \dfrac{\sum\limits_{t=1}^{T} z_2}{T}$。相关系数取值范围为 $[-1,1]$，相关系数小于零为负相关，大于 0 为正相关，等于零为不相关。相关系数的绝对值越大，相关性越强；相关系数越接近于 1 或 -1，相关度越强；相关系数越接近于 0，相关度越弱。通常情况下，通过以下取值范围判断变量的相关强度：

(1) 0.6～1.0 为强相关；

(2) 0.3～0.6 为中等程度相关；

(3) 0.0～0.3 为弱相关。

1.3.2　常见的统计分布

常见的统计分布有二项分布、正态分布、卡方分布和 t 分布。

1. 二项分布

我们以抛硬币为例：假设硬币不均匀，正面朝上的概率 $p = 0.6$，反面朝上的概率为 $1 - p = 0.4$。如果扔 10 次硬币，那么 5 次正面朝上的概率是多少？

很容易解得：$C_{10}^{5}(0.6)^5(1-0.6)^{10-5} = 0.2$。

如果扔 10 次硬币，那么有 $k(k \geqslant 0)$ 次正面朝上的概率是多少？如图 1-3 所示，横轴表示事件 k 次正面朝上，纵轴表示对应事件发生的概率。

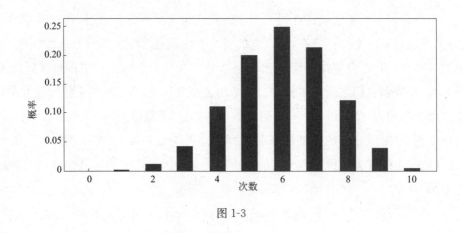

图 1-3

注意上面例子中的两个条件：每次扔硬币只有两种可能，且每次扔硬币是独立重复实验。这就是二项分布，用来描述 n 次实验 k 次发生的概率。概率分布函数表示为

$$P(X = k) = C_n^k \, p^k \, (1-p)^{n-k} \tag{1.8}$$

二项分布描述的是离散型随机变量，因此用概率分布函数表示。二项随机变量的概率分布随着 n 的增大逐渐趋于正态分布。

2. 正态分布

正态分布也称高斯分布，它是工程领域最常见、最重要的一个分布，它描述的是连续型随机变量。概率密度函数表示为

$$f(X) = \frac{1}{\sqrt{2\pi}\delta}\,\mathrm{e}^{-\frac{(X-u)^2}{2\delta^2}} \tag{1.9}$$

设随机变量 X 服从正态分布，记为 $X \sim N(u,\delta)$。一个正态分布完全可以由 u 和 δ 决定，其中 u 表示样本均值，δ 表示样本标准差。如图 1-4 所示，$u=0, \delta=1$ 与 $u=1, \delta=3$ 的正态分布的概率密度函数。

均值 u 决定了曲线的对称轴，标准差 δ 决定了曲线的"胖瘦"，δ 越大，曲线越"胖"（数据分布差异越大），δ 越小，曲线越"瘦"（数据分布差异越小）。当 $u=0, \delta=1$ 时，称正态分布为标准正态分布。设随机变量 X 服从标准正态分布，记为 $X \sim N(0,1)$。

假设随机变量 X 服从 (u,δ) 的正态分布，可以将随机变量 X 转换为标准正态分布。设随机变量 Y 为标准正态分布，转换公式表示为 $Y=(X-u)/\delta$。比如，在我们参加升学考试的时候，成绩最好的和最差的学生占少数，大多数学生的成绩都处于中等水平。在正态分布中，取得极小值和极大值的占比很低，主要集中在均值附近，因此学生考试成绩近似符合正态分布的规律。这不是巧合，事实上很多事物都符合这样的规律，这也是正态分布在工程中广泛应用的原因。

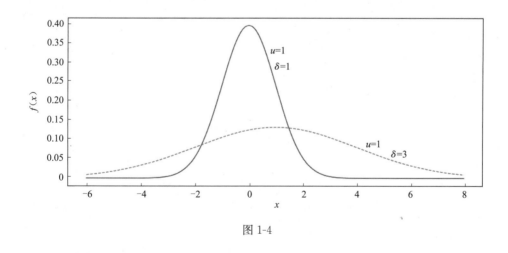

图 1-4

上面说到极小值和极大值问题，那么如何定义"小"与"大"呢？这里还要介绍正态分布的一个重要性质——3δ 原则。

（1）数值分布在 $(u-\delta, u+\delta)$ 中的占比为 0.682 7；

（2）数值分布在 $(u-2\delta, u+2\delta)$ 中的占比为 0.954 5；

（3）数值分布在 $(u-3\delta, u+3\delta)$ 中的占比为 0.997 3。

也就是说,在一个正态分布中,数值在 $(u-3\delta, u+3\delta)$ 以外的占比不到 0.01,这样的值可以认为就是数据中的极小值和极大值(分别在正态分布的两侧的尾部),工程中通常认为这是异常值,因此可以用 3δ 原则做数据异常检测。

3. 卡方分布

若 n 个相互独立的随机变量 $X_1, X_2, \cdots, X_n$ 均服从标准正态分布,记为 $X_1, X_2, \cdots, X_n \sim N(0,1)$,则这 n 个服从标准正态分布的随机变量的平方和构成新的随机变量,其分布规律称为卡方分布(chi-square distribution)。令随机变量 $Y = \sum_{i=1}^{n} \chi_i^2$,则称随机变量 Y 服从自由度为 n 的卡方分布,记为 $Y \sim \chi_n^2$。概率密度函数表示为

$$f_n(x) = \begin{cases} \dfrac{1}{2^{\frac{n}{2}} \Gamma\left(\dfrac{n}{2}\right)} x^{\frac{n}{2}-1} \, \mathrm{e}^{-\frac{x}{2}} & \text{当 } x > 0 \\ 0 & \text{当 } x \leqslant 0 \end{cases} \tag{1.10}$$

其中,Γ 表示 gamma 函数,gamma 函数定义如下:

$$\Gamma(x) = \int_0^{+\infty} t^{x-1} \, \mathrm{e}^{-t} \mathrm{d}t \tag{1.11}$$

gamma 函数可以看作阶乘在实数集上的拓展,对于正整数 n,有:$\Gamma(x) = (n-1)!$。正如一个正态分布由 u 和 δ 唯一确定,一个卡方分布完全由自由度 n 确定。如图 1-5 所示为 χ_n^2 的概率密度函数 $f_n(x)$。

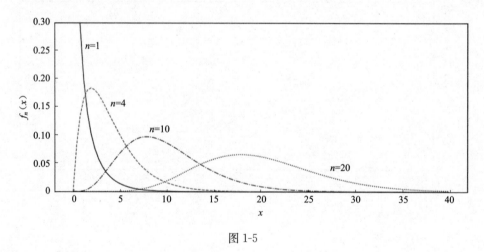

图 1-5

从图 1-5 所示可以看到,当自由度 n 越大,曲线越对称;n 越小,曲线越偏斜。若 $X \sim \chi_n^2$,记 $P(X > c) = \alpha$,则 $\chi_n^2(\alpha) = c$ 称为 χ_n^2 的上 α 分位点,如图 1-6 所示。

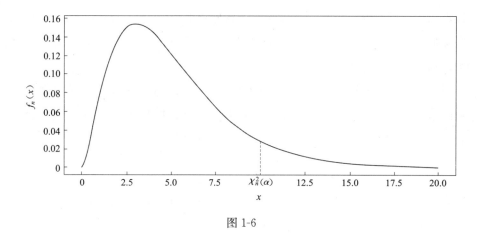

图 1-6

当 α 和 n 给定时，可以求出 $\chi_n^2(\alpha)$ 的值，后面将通过代码实现。

4. t 分布

设随机变量 X 服从标准正态分布，$X \sim N(0,1)$，随机变量 Y 服从卡方分布，$Y \sim \chi_n^2$；且 X 与 Y 相互独立，则称随机变量 $T = X / \sqrt{Y/n}$ 服从自由度为 n 的 t 分布，记为 $T \sim t_n$。概率密度函数表示为

$$t_n(x) = \frac{\Gamma\left(\dfrac{n+1}{2}\right)}{\Gamma\left(\dfrac{n}{2}\right)\sqrt{n\pi}} \left(1 + \frac{x^2}{n}\right)^{-\frac{n+1}{2}} \tag{1.12}$$

一个 t 分布完全由自由度 n 确定。如图 1-7 所示，t_n 的概率密度函数为 $t_n(x)$。作为对比，黑色曲线表示标准正态分布。

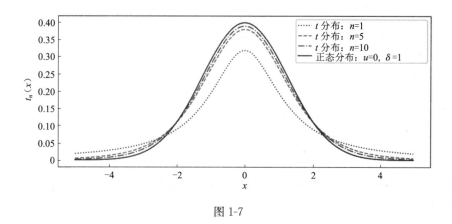

图 1-7

9

可以看到 t 分布的概率密度函数与标准正态分布很相似,它们都关于原点对称,单峰偶函数,在横轴 O 处达到峰值,但 t 分布的峰值低于正态分布的峰值。实际上,随着自由度 n 逐渐增大,t 分布趋近于标准正态分布。

另一方面,相比于标准正态分布,t 分布具有后尾性,可以容纳更多的离群样本。如图 1-8 所示,在样本量比较少的情况下,如果采用正态分布拟合,那么样本严重受到了离群点的干扰,因此整体分布呈现扁平状态;而采用 t 分布拟合更能反映事实。

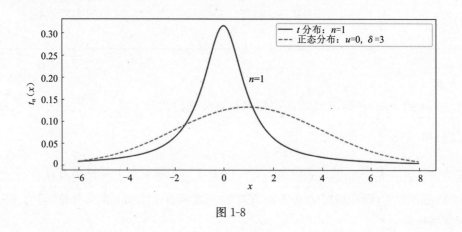

图 1-8

若 $T \sim t_n$,记 $P(|T| > c) = \alpha$,则 $t_n\left(\dfrac{\alpha}{2}\right) = c$ 称为 t_n 的双侧 α 分位点,如图 1-9 所示。

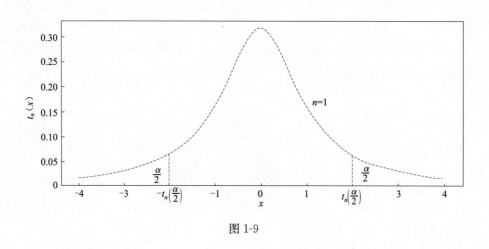

图 1-9

当 α 和 n 给定时,可以求出 $t_n\left(\dfrac{\alpha}{2}\right)$ 的值,后面将通过代码实现。

1.3.3　常见的统计假设检验

假设检验是用来判断样本与样本、样本与总体的差异是由于抽样误差引起的,还是由于实际差别造成的统计推断方法。基本思想是先对总体做出某种假设,然后通过样本数据研究推理,对此假设应该是拒绝或者接受。

在假设检验中,先设定原假设 H_0,再设定与其相反的对立假设 H_1。再随机抽取样本,若在原假设成立的情况下,样本发生的概率 P 非常小,说明原假设不成立,对立假设成立,则拒绝原假设;否则,接受原假设。

假设检验的具体过程,如前述的抛硬币,已知条件是有一枚硬币是均匀的,即反面和正面出现的概率相等。若对已知条件提出质疑,要检查这枚硬币到底是不是均匀的,最简单的方法就是做 n 次扔硬币的试验。根据大数定律,当 n 趋近于无穷时,如果出现反面和正面的概率都近似等于 0.5,就可以证明硬币是均匀的。这就是通过直接对总体样本进行统计的方法验证结果。

实际上,你只能做有限次数的试验。假设总共扔了 10 次,如果出现 6 次反面朝上,4 次正面朝上,硬币就很有可能是均匀的;如果出现 8 次反面朝上,2 次正面朝上,好像有点不正常,但万一是巧合呢;如果出现 9 次反面朝上,1 次正面朝上,那么硬币很有可能是不均匀的。

这就是假设检验,原假设 H_0:硬币是均匀的;对立假设 H_1:硬币不是均匀的。检验方法:扔 10 次硬币,看试验结果是否符合预期。如何定义试验结果是否符合预期呢? 假设硬币均匀,扔 10 次硬币符合二项分布 $X \sim B(10, 0.5)$,其概率分布如图 1-10 所示。

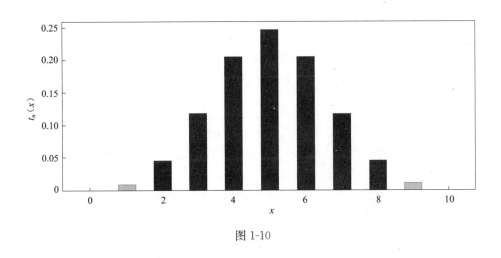

图 1-10

假如扔了 10 次硬币,有 9 次反面朝上,把 9、10 次反面朝上的概率加起来,就得到了极端情况出现的概率：$P = P(9 \leqslant X \leqslant 10) = 0.01$。

这种极端情况出现的概率称为 P 值，由于极端情况只考虑了 9、10 次反面朝上的情况，这里的 P 值称为单侧 P 值。其实出现 0、1 次反面朝上也属于极端情况，所以也可以定义双侧 P 值：$P = P(0 \leqslant X \leqslant 1) + P(9 \leqslant X \leqslant 10) = 0.02$。

一个直观的感受是，反面朝上的次数出现 4~6 次（中间）比出现 9~10 或 0~1 次（边缘）更加合理，因此实验结果如果正好出现在边缘，我们就可以拒绝原假设，这个边缘也被称为拒绝域。如图 1-11 所示分别表示单侧检验和双侧检验的拒绝域，其中 α 表示显著性水平，一般取 $\alpha = 0.05$。当 $P < 0.05$ 时，就可以拒绝 H_0 假设，选择对立假设 H_1。

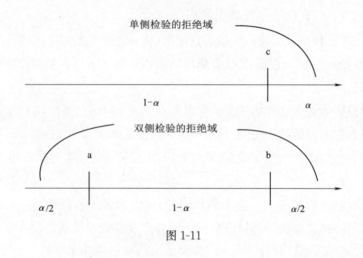

图 1-11

这里出现 8 次反面朝上认为硬币是不均匀的，还是出现 9 次反面朝上认为硬币是不均匀的，这是一个主观的标准。同样以 $\alpha = 0.05$ 作为显著性水平的标准还是以 $\alpha = 0.1$ 作为显著性水平的标准，也是主观的。此外，采用单侧检验还是双侧检验，需要视具体情况而定。

假如扔了 10 次硬币，有 8 次反面朝上，把 8、9、10 次反面朝上的概率加起来，此时的 $P = P(8 \leqslant X \leqslant 10) = 0.05$。这时正好处于临界值，为慎重起见，可以增加样本容量，重新进行采样。

一般情况下，扔 10 次硬币还是太少了，假设硬币均匀，若扔 1 000 次硬币，则通过二项分布把极端情况一个个加起来会很困难。当实验次数足够多时，二项分布近似趋于正态分布，在反面朝上的次数等于 500 处达到峰值。

假设你扔了 1 000 次硬币，理论上反面朝上的次数应该出现在 500 附近，但你偏偏扔出了 800 次，而理论上出现 800~1 000 次反面朝上的概率远低于 $\alpha = 0.05$，实验结果明显偏离理论值，因此认为硬币是不均匀的。检验过程如图 1-12 所示。

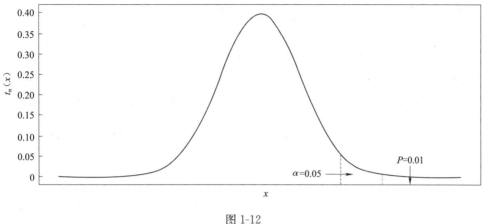

图 1-12

对应卡方分布与 t 分布，下面分别介绍卡方检验与 t 检验。

1. 卡方检验

卡方检验就是统计样本的实际观测值与理论推断值之间的偏离程度。实际观测值与理论推断值之间的偏离程度就决定卡方值的大小，如果卡方值越大，二者偏差程度就越大；反之，二者偏差越小；若两个值完全相等，卡方值就为零，表明观测值与理论值完全符合。

（1）卡方检验中自由度的概念。卡方检验的数据形式通常是二维表格。见表 1-1，行与列的总数已知，如果给定男性逛街的人数为 50，那么男性不逛街的人数为 $130-50=80$，女性逛街的人数为 $150-50=100$，女性不逛街的人数为 $130-100=30$。实际上，这个表格中只需要确定其中任意一项，其他三项就会确定。因此这里的卡方自由度为 1。

表 1-1　男女逛街习惯调查表

	逛街	不逛街	总计
男	?		130
女			130
总计	150	110	

见表 1-2 行与列的总数已知，在这样一个表格中只需要填其中任意两项，其他项就会确定。因此这里的卡方自由度为 2。卡方的自由度就是表格中可以自由填写的项数，如果我们有 m 行 n 列的表格，自由度为 $(m-1)(n-1)$。

表 1-2　男女兴趣调查表

	打游戏	打麻将	打台球	总计
男	?	?		170
女				130
总计	150	100	80	

在数据分析中,经常需要分析某个变量(或特征)对目标变量是否有显著关系。举一个电商运营分析的例子,假如我们要分析在线上购买电子产品的客户性别,我们得到的观测数据见表 1-3。

表 1-3　男女购物习惯调查表

	男	女	总计
线上购买	732	467	1 199
线上不购买	363	321	684
总计	1 095	788	1 883

(2)计算理论数据。由表 1-3 可知,有 1 199/1 883＝64％的人在线上购买电子产品,684/1 883＝36％的人不在线上购买电子产品。根据这一比例,我们就可以计算男性在线上购买电子产品的理论值应该等于 1 095×64％＝700,再根据前面介绍的卡方分布自由度的概念,就可以计算理论值,见表 1-4。

表 1-4　男女购物习惯统计表

	男	女	总计
线上购买	1 095×64％＝700	499	1 199
线上不购买	395	289	684
总计	1 095	788	1 883

下面就要构造卡方检验的统计量,计算方法为

$$\chi^2 = \sum \frac{(观测频次 - 理论频次)^2}{理论频次} \tag{1.13}$$

由表 1-1、表 1-2 与公式(1.16)就可以得到卡方检验的统计量:

$$\chi^2 = \frac{(732 - 700)^2}{700} + \frac{(467 - 499)^2}{499} + \frac{(363 - 395)^2}{395} + \frac{(321 - 289)^2}{289}$$

$$\approx 9.65$$

通过计算可知,卡方临界值为 3.841 , $P\text{-value} = 0.001\,89$ 。由于 $\chi^2 > 3.841$,或者

$P\text{-}value < 0.05$，因此拒绝原假设，在线上购买电子产品与性别是有关系的，线上向男性消费者投放更多的优惠券可能会提升转化率。

☞ 代码参见：第 1 章→chi_square_test

```
importnumpy as np
from scipy import stats

observed_value = np.array([732, 467, 363, 321])
expected_value = np.array([700, 499, 395, 289])
chi_squared_value = ((observed_value - expected_value) * * 2 / expected_value).sum
()

# 卡方检验的显著性水平为 5% ,自由度为 1
crit = stats.chi2.ppf(q= 0.95, df= 1)
P_value = 1 - stats.chi2.cdf(x= chi_squared_value, df= 1)

print('卡方统计量:', chi_squared_value)
print('卡方临界值:', crit)
print('P- value:', P_value)

执行结果:
        卡方统计量:9.650619009720824
        卡方临界值:3.841458820694124
        P- value: 0.0018928778764384369
```

2. t 检验

t 检验用于检验两个总体的均值差异是否显著，适用于总体标准差 δ 未知的正态分布。先来理解一下 t 检验中自由度的概念，一个数组需要填入 10 个数字，要求数组的均值等于 7，那么在填写前 9 个数字的时候你可以随意填写，但是到了第 10 个数字，就是唯一确定的，比如 $(10,27,35,66,-67,35,12,-26,-38) \rightarrow 16$，当填写了前 9 个数字，最后一个数字必须填写 16。也就是说，10 个数字中能够自由填写的个数为 $10-1=9$，即 t 检验的自由度为 9。在 t 检验中，当样本容量 n 确定，自由度为 $n-1$。

假设某电池供应商是专门为新能源汽车提供电池的，根据要求，生产的电池续航里程平均值应该不低于 $500\ \mathrm{km}$，如何证明生产的电池是否达标呢？一个直接的想法是把所有电池都测试一遍，然后求平均值。比如测试了 5 块电池，续航水平分别为：503,497,521,532,489,续航平均值为：$(503+497+521+532+489)/5=508.4$，高于要求的平均水平 500，这一批电池合格。

　　然而，随着供应电池数量的增加，每天可以生产 10 万块电池，这时候该如何测试呢？一般我们会抽取一部分样本，先假设所有电池续航里程的均值为 500，然后随机抽取 5 块电池，看能否满足要求。如果满足，就认为假设正确；否则，认为假设错误。一般认为，样本服从正态分布，且样本数量较小，所以这里采用 t 统计量：

$$t = \frac{\bar{x} - u}{s / \sqrt{n}}$$

式中，$\bar{x}$ 表示样本均值，$\bar{x}=(503+497+521+532+489)/5=508.4$；$u$ 表示总体均值 500；s 表示样本标准差，$s = \sqrt{\dfrac{(503-500)^2+(497-500)^2+(521-500)^2+(532-500)^2+(489-500)^2}{5-1}} =$

20.14（注意，这里使用了均值，所以分母的自由度减 1），n 表示样本容量 5。带入参数可得 $t = \dfrac{508.4-500}{20.14/\sqrt{5}} = 0.93$，该 t 统计量服从自由度为 $n-1$ 的 t 分布。由于 $t < 2.131\,8$，或者 $P\text{-value} > 0.05$，因此接受原假设，所有电池续航里程的均值不低于 500。由于样本都是大于 0 的，这里采用的是单侧 t 检验。

☞ **代码参见：第 1 章→t_test**

```
fromscipy import stats

t_value = 0.93
crit = stats.t.ppf(q= 0.95, df= 4)
P_value = 1 - stats.t.cdf(x= t_value, df= 4)

print('T 统计量 :', t_value)
print('T 临界值 :', crit)
print('P- value:', P_value)



执行结果 :
        T 统计量 :0.93
        T 临界值 :2.13184678133629
        P- value:0.20250731471811956
```

1.4　时间序列的分解

一个时间序列往往是多种类型序列的组合,它包括以下 4 种。

(1)长期趋势(Trend,T):时间序列在较长的时间内持续发展变化的总趋势,长期趋势是受某种根本性因素影响,而呈现出的不断递增或递减的变化。

(2)季节变动(Seasonal,S):由于季节的交替而引起时间序列呈现周期性的变化,这里的季节可能是自然季节,也可能是每月或每几个月。在实际应用中,由于受到社会、经济、自然等因素影响而形成的周期性变化都称为季节变动。

(3)循环变动(Cyclical,C):时间序列出现以若干年为周期的涨落起伏的重复性波动变化。

(4)不规则波动(Irregular,I):由于临时性、偶然性的因素引起的时间序列的随机波动。比如突发政治事件对金融时间序列有较强的影响。

时间序列分解的方法有两种,加法模型:$Y=T+S+C+I$ 和乘法模型:$Y=T\times S\times C\times I$。

在加法模型中,每个因素的影响是相互独立的,每个因素都有自己对应的时间序列取值;在乘法模型中,每个因素之间相互影响,以长期趋势为基数,其他因素都是按照比例对长期趋势产生影响。特别是当季节因素的取值取决于原始数据的时候,应该选择乘法模型。在大多数情况下,乘法模型更适用。

图 1-13 所示的是将沪深 300 指数序列按照乘法模型分解的结果。由图可以明显地看到,长期趋势序列是基数,季节变动、循环变动、不规则波动都是一个比例值。注意,这里的季节变动是呈现完美的周期性,而循环变动没有完美的周期(比如两次金融危机发生的时长、影响都有差别,循环中只能体现发生了两次,但是两次不可能完全一致),且规律性较差。

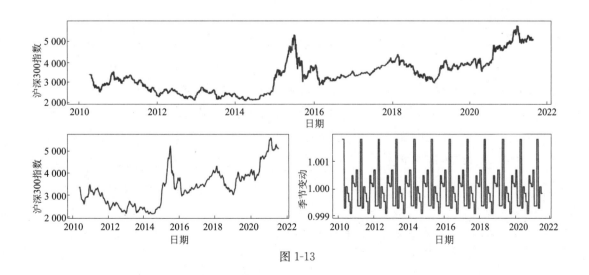

图 1-13

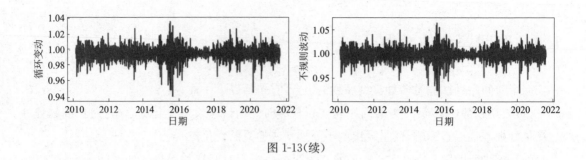

图 1-13(续)

时间序列的分解方法有很多,下面介绍一种常用的分解方法,适用于乘法模型。见表 1-5 假设我们分析的数据为某商品每季度的销量。

表 1-5　商品季度销量表

年/季度	销量	3 期中心化移动平均(CMA)	4 期中心化移动平均(CMA)
2007/1	27	—	—
2007/2	35	29	—
2007/3	25	33.33	31.5
2007/4	40	30	30.625
2008/1	25	31.67	29.25
2008/2	30	24.67	29.875
2008/3	19	33.33	30.5
2008/4	51	29.67	30.75
2009/1	19	36	—
2009/2	38	—	—

拟合长期趋势的一个重要方法是中心化移动平均(centralized moving average,CMA),平均即取一段时间内的平均值作为这段时间的趋势值,中心化是一种平均的方法,它将一段时间内的平均值作为该时段中间位置的趋势值。假设一段时间内有 N 个点,针对 N 为奇数或偶数的处理方法如下。

(1)当 N 为奇数时,平均值表示为 $M = \dfrac{1}{N}(Y_t + Y_{t-1} + \cdots + Y_{t-N+1})$,即直接计算平均值。比如当 $N = 3$ 时,在表 1-5 中,3 期中心化移动平均在 2 007/2 的计算方法为 $29 = \dfrac{1}{3} \times$ (27 + 35 +25)。

(2)当 N 为偶数时,平均值表示为 $M = \dfrac{1}{N}(0.5Y_t + Y_{t-1} + \cdots + 0.5Y_{t-N})$,首先要取 $N+1$ 个点,然后将头尾各减一半,求和再除以 N 。比如,当 $N = 4$ 时,表 1-5 中所示的 4 期中心化移动平均在 2 008/4 的计算方法为 $30.75 = \dfrac{1}{4} \times (0.5 \times 30 + 19 + 51 + 19 + 0.5 \times 38)$ 。

这样我们就可以通过中心化移动平均的方法得到一段长期趋势序列。一般情况下,N 越大,趋势序列越平滑,序列前后缺失值越多;N 越小,趋势序列波动越大,序列前后缺失值越少。

拟合季节变动的一个重要方法是计算季节指数。季节指数的计算也需要用到中心化移动平均法,如果原始序列的每个点代表一季,取 $N = 4$;如果原始序列的每个点代表一月,取 $N = 12$ 。表 1-5 中数据的每个点代表一季,因此我们需要计算 4 期中心化移动平均值;然后用原始序列的对应值除以中心化移动平均值见表 1-6。

表 1-6　商品季度销量表

年/季度	销量(Y)	4 期中心化移动平均(CMA)	比值(Y/CMA)
2007/1	27	—	—
2007/2	35	—	—
2007/3	25	31.5	0.793 7
2007/4	40	30.625	1.306 1
2008/1	25	29.25	0.854 7
2008/2	30	29.875	1.004 2
2008/3	19	30.5	0.623 0
2008/4	51	30.75	1.658 5
2009/1	19	—	—
2009/2	38	—	—

表 1-7 将计算的比值按照季度排列。计算每个季度的均值,将 4 个季度的均值再平均一次,每个季度的均值为 $\dfrac{0.854\,7 + 1.004\,2 + 0.708\,4 + 1.482\,3}{4} = 1.012\,4$,再将每个季度的均值分别除以 1.012 4,就得到每个季度的季节指数,比如第 3 季度的季节指数为 $\dfrac{0.708\,4}{1.012\,4} = 0.699\,7$ 。

表 1-7　比值按季节排列

年　　份	季　度			
	1	2	3	4
2007	—	—	0.793 7	1.306 1
2008	0.854 7	1.004 2	0.623 0	1.658 5
2009	—	—	—	—
合计	0.854 7	1.004 2	1.416 7	2.964 6
均值	0.854 7	1.004 2	0.708 4	1.482 3
季节指数	0.844 2	0.991 9	0.699 7	1.464 1

与长期趋势不同，采用中心化移动平均的结果会使得拟合的长期趋势前后有缺失值。而季节指数只要计算出 4 个季度的值，季节指数序列就不会出现缺失值。

从原始序列中除去长期趋势和季节变动的影响，就得到循环变动和不规则波动的剩余序列。将剩余序列进行移动平均（moving average，MA），就可以得到循环变动序列。注意，这里的移动平均不是中心化移动平均。关于移动平均法将会在下一章详细介绍。

现在就可以整理时间序列的分解步骤了，设原始序列为 $Y = T \times S \times C \times I$，分解过程如下：

（1）计算原始序列的季节指数，从而消除季节变动：$\dfrac{T \times S \times C \times I}{S} = T \times C \times I$

（2）将消去季节变动的序列做长期趋势拟合，从而消除长期趋势：$\dfrac{T \times C \times I}{T} = C \times I$

（3）将消除季节变动、长期趋势的序列进行移动平均，得到循环变动序列：$C = \mathrm{MA}(C \times I)$

（4）最后的剩余项就是不规则波动：$\dfrac{C \times I}{C} = I$

☞ **代码参见：第 1 章→manual_decompose_time_series**（具体内容参见代码资源）

前面说到循环变动需要捕捉较长时间的序列，而在很多时候，我们在做时间序列预测的时候是不需要获得长时间的序列（一般情况下，时间较长的序列不具备平稳性，且预测点通常只与邻近点相关）的，这时候循环变动就被弱化了，我们可以只考虑由 T、S、I 组成的时序模型。图 1-14 所示为分别用加法模型和乘法模型对时间序列分解的结果。

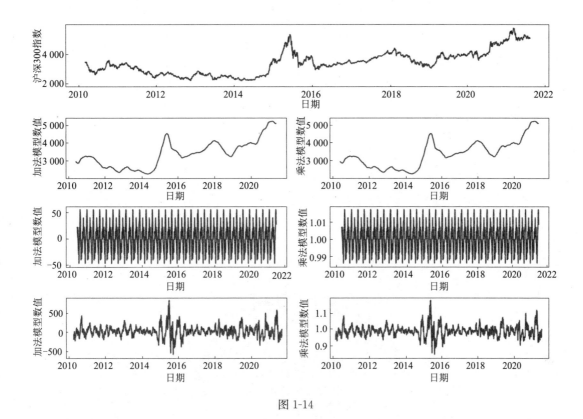

图 1-14

☞ **代码参见:第 1 章→auto_decompose_time_series**（具体内容参见代码资源）

第2章
线性时间序列分析

本章讨论线性时间序列分析的基本理论,首先介绍时间序列的平稳性、自相关性概念;然后介绍两种重要的时间序列,即白噪声与随机游走;最后介绍一种重要的线性时间序列模型(ARIMA)。

针对时间序列的自相关性,我们将介绍自相关系数,并通过 Ljung-Box 检验序列是否存在自相关性;针对时间序列的平稳性,通过引入随机游走,并在其基础上引入 ADF 检验序列是否满足平稳性。最后结合时间序列的自相关性,引入了 ARIMA 模型对时间序列进行建模,通过与随机游走进行对比,证明了股票指数满足随机游走,对于股票指数建立自回归模型没有意义;对股票的日收益率进行分析,结果表明,日收益率存在微弱的自相关性,尝试通过自回归模型对收益率进行建模,结果显示模型成功地捕捉到了序列的自相关性。

2.1　平稳性

平稳性是时间序列分析的基础,根据限制条件的严格程度,其分为严平稳时间序列和弱平稳时间序列。下面分别给出两种平稳性的定义。

1. 严平稳时间序列

所谓严平稳,就是时间序列满足一种比较苛刻的条件,它认为只有当序列所有的统计性质都不会随着时间的推移而发生变化时,该序列才能被认定为平稳。一组随机变量的统计性质完全由它们的联合概率分布决定,所以严平稳时间序列的定义为:设 $\{z_t\}$ 表示一个时间序列,对任意正整数 l,任取一段时间序列 $\{z_1, z_2, \cdots, z_l\}$,对任意整数 k,有 $\{z_{t_1}, z_{t_2}, \cdots, z_{t_l+k}\}$ 的联合分布与 $\{z_{t_1+k}, z_{t_2+k}, \cdots, z_{t_l+k}\}$ 的联合分布相同,即 $\{z_{t_1} = z_{t_1+k}, z_{t_2} = z_{t_2+k}, \cdots, z_{t_l} = z_{t_l+k}\}$,则称时间序列 $\{z_t\}$ 为严平稳时间序列。严平稳的过程如图 2-1 所示。

图 2-1

严平稳要求时间序列的联合分布在时间的平移变换下保持不变,这是一个很强的条件,因此在实际中经常采用弱平稳来校验序列的平稳性。

2. 弱平稳时间序列

弱平稳要求时间序列 $\{z_t\}$ 满足下面 3 个条件:

(1) $\{z_t\}$ 的均值与时间 t 无关,即 $E(z) = u$,u 是一个常数。

(2) $\{z_t\}$ 的方差与时间 t 无关,即 $\mathrm{var}(z) = \delta^2$,$\delta$ 是一个常数。

(3)对于任意时间 t 和任意时间间隔 k,时间序列 $\{z_t\}$ 与 $\{z_{t-k}\}$ 的协方差 $r_k = \mathrm{cov}(z_t,$ $z_{t-k})$ 只与 k 有关,与 t 无关。这里的协方差其实是时间序列自己跟自己比较,因此又称为自协方差。

在统计学中,特定时间序列 $\{z_t\}$ 的自协方差是信号与其经过时间平移的信号之间的协方差。设 $\{z_t\}$ 满足弱平稳性,由弱平稳性的性质得出,它的平移 k 个时刻的时间序列 $\{z_{t-k}\}$ 与其自身拥有相同的均值。即 $E(z_{t-k}) = E(z_t)$。设 z_t 的均值为 $\bar{z}$,则时间序列的自协方差 r'_k 可以表示为

$$r'_k = \frac{1}{T} \sum_{t=k+1}^{T} (z_t - \bar{z})(z_{t-k} - \bar{z}) \tag{2.1}$$

可以认为自协方差是某个信号与其自身经过一定时间平移之后的相似性,自协方差就表示了在那个时延的相关性。其实弱平稳只需要满足上述条件(1)和(3)即可,根据条件(3),当 $k = 0$ 时,自协方差变为方差,即 $\mathrm{cov}(z_t, z_t) = \mathrm{var}(z_t)$,因此有 $r_0 = \delta^2$,这里 r_0 是一个常数。

从统计学的角度讲,时间序列的平稳性就是期望所有的取值都满足一个确定的分布。比如时间序列在某一时刻的取值由抽签决定,抽到不同的签就对应不同的值。只要所有抽的签不变,那么时间序列取值的概率分布就是确定的,不随时间而变化,我们就认为时间序列满足平稳性要求。如果从某一时刻开始,抽的签发生了变化(比如增加或减少了数值),那么从这一时刻开始,时间序列取值的概率分布也发生了变化,因此认为时间序列不满足平稳性要求。

弱平稳性意味着时间序列在一个常数水平上下以相同幅度波动,这对于我们分析时间序列的性质至关重要。举个例子,假如我们想知道 2020 年 5 月 20 日这天上证指数收益率的均值是多少,而且假设它是来自一个未知的分布。也许你会立刻去搜索一下,结果为当天的收益率是 -0.51%。注意,这个收益率仅仅是当天上证指数未知收益率分布的一个样本,它不是均值!

对于一个未知的分布,我们只需要做大量试验,就可以计算它的均值。而对于 2020 年 5 月 20 日的收益率,试验只能做一次! 但是有了弱平稳条件,事情就变得简单了。根据弱平稳条件,收益率均值是与时间无关的常数,那么我们就可以取一段时间的历史数据来计算日收益率的均值,根据弱平稳性,这个均值也是 2020 年 5 月 20 日收益率的均值。

只要有足够多的历史数据,我们就可以把时间序列划分为若干个子集,计算它们的均值与自协方差来校验序列是否满足平稳性。

2.2　自相关性

两个随机变量 X 与 Y 的相关系数定义为

$$p_{X,Y} = \frac{\text{cov}(X,Y)}{\sqrt{\text{var}(X)\text{var}(Y)}} = \frac{E\big[(X-u_X)(Y-u_Y)\big]}{\sqrt{E(X-u_X)^2 E(Y-u_Y)^2}} \tag{2.2}$$

式中,u 和 u 分别表示 X 和 Y 的均值;$p_{X,Y}$ 的取值范围在 $[-1,1]$ 之间,相关系数度量了两个随机变量 X 和 Y 的线性相关程度。实际中,X 和 Y 的样本数量是有限的,相关系数可以由样本估计出来:

$$\hat{p}_{X,Y} = \frac{\sum\limits_{t=1}^{T}(x_t-\overline{x})(y_t-\overline{y})}{\sqrt{\sum\limits_{t=1}^{T}(x_t-\overline{x})^2 \sum\limits_{t=1}^{T}(y_t-\overline{y})^2}} \tag{2.3}$$

其中,$\overline{x} = \dfrac{\sum\limits_{t=1}^{T}x_t}{T}$, $\overline{y} = \dfrac{\sum\limits_{t=1}^{T}y_t}{T}$ 分别表示 X 和 Y 的样本均值。

时间序列 $\{z_t\}$ 的特点是一维,考虑 z_t 与 z_{t-k} 的线性相关性,就可以把相关系数的概念推广到自相关系数,可以采用自相关系数来衡量时间序列的相关性。看到前面加了一个"自",原因是时间序列没法再找到一个别的数据与自己来进行比较,只能自己和自己来比较,自己和自己慢几拍(滞后期)的数据进行比较,所以加入了一个"自"。

自相关系数度量的是同一事件在两个不同时期之间的相关程度。形象地讲就是度量自己过去的行为对自己现在的影响。自相关系数(auto-correlation function,ACF)的定义为

$$p_k = \frac{\text{cov}(z_t, z_{t-k})}{\sqrt{\text{var}(z_t)\text{var}(z_{t-k})}} = \frac{\text{cov}(z_t, z_{t-k})}{\text{var}(z_t)} \tag{2.4}$$

这里用到了弱平稳序列的性质 $\text{var}(z_t) = \text{var}(z_{t-k})$,自相关系数 p_k 的取值范围在 $[-1,1]$ 之间。对于一个给定的时间序列 $\{z_t\}$,可以通过样本来估算自相关系数:

$$p_k = \frac{\sum\limits_{t=k+1}^{T}(z_t-\overline{z})(z_{t-k}-\overline{z})}{\sum\limits_{t=1}^{T}(z_t-\overline{z})^2} \tag{2.5}$$

其中,$\overline{z} = \dfrac{\sum\limits_{t=1}^{T}z_t}{T}$,表示时间序列 $\{z_t\}$ 的均值,由弱平稳的性质得出 z_t 与 z_{t-k} 的均值相同。

通常讨论序列的自相关性都是基于弱平稳序列，它是研究相关性的前提条件。

自相关（auto-correlation）也叫序列相关，是一个信号与其自身在不同时间点的相关度。非正式地来说，它就是两次观察之间的相似度对它们之间的时间差的函数。它是找出重复模式（如被噪声掩盖的周期信号），或识别隐含在信号谐波频率中消失的基频的数学工具。

如果把自相关系数 p_k 作为 k 的函数，就可以观察 p_k 是如何随 k 而变化的，通常我们绘制相关图来观察。如图 2-2 所示，分别为沪深 300 指数、日收益率、日对数收益率的自相关图。这里设置自变量 k 的取值范围 $0 \leqslant k \leqslant 20$ ，阴影区域为 95％ 的置信区间，只要自相关系数没有超过阴影区域，我们就可以认为 k 的自相关系数为 0。

对比这三个序列的相关图可以发现，首先，它们都有 $p_0 = 1$ ，根据式（2.4）得 $p_0 = \dfrac{\mathrm{cov}(z_t, z_t)}{\mathrm{var}(z_t)} = 1$ ，因为"自己"与"自己"的相关性一定等于 1。其次，沪深 300 指数的自相关性很强，而日收益率、日对数收益率的自相关性几乎为 0，这是否意味着根据自相关性预测指数将变得非常容易，而无法对收益率进行预测？事实正好相反，下一节将会介绍，这是一种"虚假的自相关性"，预测指数没有任何意义，我们更关心如何预测收益率。

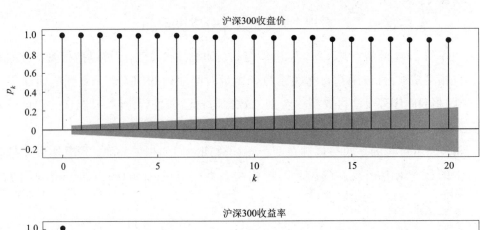

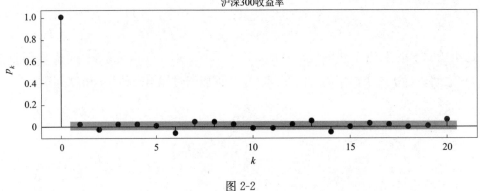

图 2-2

☞ 代码参见：第 2 章→**autocorrelation**

```
importpandas as pd
import statsmodels.api as sm
import matplotlib.pyplot as plt



# 相关系数
def autocorrelation(df, col1, col2, lags):
    fig = plt.figure(figsize= (9, 6))
    fig.subplots_adjust(left= 0.0 8, bottom= 0.06, right= 0.95, top= 0.92,
                               wspace= None, hspace= 0.3)

    ax1 = fig.add_subplot(211)
    sm.graphics.tsa.plot_acf(df[col1], lags= lags, ax= ax1, title= col1)
    ax2 = fig.add_subplot(212)
    sm.graphics.tsa.plot_acf(df[col2], lags= lags, ax= ax2, title= col2)
    plt.show()



dateparse = lambda dates: pd.datetime.strptime(dates, '% Y- % m- % d')


df = pd.read_csv('./data/informations.csv', parse_dates= ['date'],
                          index_col= 'date', date_parser= dateparse)


autocorrelation(df, 'hs300_closing_price', 'hs300_yield_rate', 20)
```

  自相关图以可视化的方式展示了不同间隔 k 的自相关系数，需要分别观察间隔 $k=$ $1,2,3,\cdots$ 时序列的自相关性。能否通过一种统计指标直接反应序列在不同间隔 k 的自相关性呢？校验时间序列是否存在自相关性，需要检验序列的多个自相关系数是否同时为零，为此 Ljung 和 Box 提出了 Ljung-Box 检验法。Ljung-Box 的原假设和备选假设如下所述。

  （1）H_0：数据之间都是独立的，能观察到的某些相关性是由于随机采样造成的误差，即 $p_1=p_2=\cdots=p_m=0$。其中，m 是预先设定的。

（2）H_1：数据之间不是独立的，至少存在一个 $p_k \neq 0$，其中 $k \leqslant m$。

构造统计量：

$$Q(m) = T(T+2) \sum_{k=1}^{m} \frac{p_k}{T-k} \tag{2.6}$$

其中，T 是样本数；m 是预先选定的一个值（最大间隔数）；p_k 是间隔 k 自相关系数。在原假设成立的条件下，$Q(m)$ 近似服从自由度为 m 的卡方分布。Ljung-Box 检验的判决规则：当 $Q(m) > \chi_{a,m}^2$ 时拒绝原假设 H_0。其中，$\chi_{a,m}^2$ 是自由度为 m 的 χ^2 分布的上 α 分位点。一般程序都会自动给出 $Q(m)$ 的 p 值，决策规则：当 p 值小于或等于显著性水平 α 时拒绝 H_0。

在实际中，m 的选择会影响 $Q(m)$ 的表现。经验表明，通常取 $m \approx \ln(T)$ 会有较好的效果。在分析季节性时间序列时，通常需要考虑季节性周期的倍数的自相关系数。

如图 2-3 所示，采用 Ljung-Box 分别检验沪深 300 指数、日收益率、日对数收益率的 p 值序列图。令显著性水平 $\alpha = 0.05$，可以看到沪深 300 指数从间隔 $k = 1$ 开始就可以拒绝 H_0 假设，即沪深 300 指数序列存在自相关性；同理，日收益率、日对数收益率从间隔 $k = 6$ 开始存在自相关性。

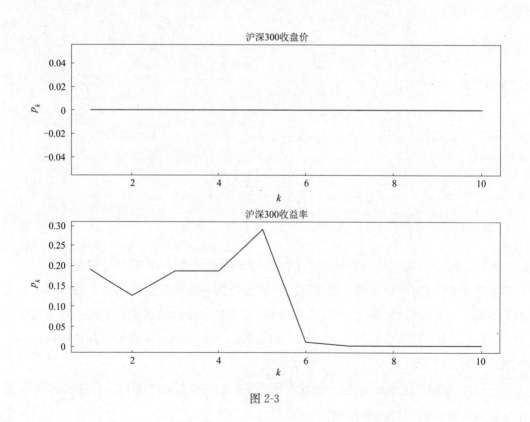

图 2-3

☞ 代码参见：第 2 章→ljung—box_test

```
importpandas as pd
import matplotlib.pyplot as plt
from statsmodels.stats.diagnostic import acorr_ljungbox as lb_test


# Ljung- Box检验
def ljungbox(df, col1, col2, lags, alpha):
    _, pvalue1 = lb_test(df[col1], lags= lags)
    _, pvalue2 = lb_test(df[col2], lags= lags)

    pvalue1 = [round(x, 3) for x in pvalue1]
    index1 = [i for i in range(len(pvalue1)) if pvalue1[i] < alpha][0] + 1
    pvalue2 = [round(x, 3) for x in pvalue2]
    index2 = [i for i in range(len(pvalue2)) if pvalue2[i] < alpha][0] + 1

    print(col1 + ' p- value < alpha index: ' + str(index1))
    print('p- value: ', pvalue1)
    print(col2 + ' p- value < alpha index: ' + str(index2))
    print('p- value: ', pvalue2)

    indexs = [i + 1 for i in range(10)]
    plt.figure(figsize= (9, 6))
    plt.subplots_adjust(left= 0.0 8, bottom= 0.06, right= 0.95, top= 0.94,
                        wspace= None, hspace= 0.3)

    ax1 = plt.subplot(211)
    ax1.set_title(col1)
    plt.plot(indexs, pvalue1)

    ax2 = plt.subplot(212)
    ax2.set_title(col2)
    plt.plot(indexs, pvalue2)

    plt.show()
```

```
dateparse = lambda dates: pd.datetime.strptime(dates, '% Y- % m- % d')

df = pd.read_csv('./data /informations.csv', parse_dates= ['date'],
                    index_col= 'date', date_parser= dateparse)

ljungbox(df, 'hs300_closing_price', 'hs300_yield_rate', 10, 0.05)
```

执行结果：
```
    hs300_closing_price P- value <  alpha index: 1
    p- value:  [0.0, 0.0, 0.0, 0.0, 0.0, 0.0, 0.0, 0.0, 0.0, 0.0]
    hs300_yield_rate p- value <  alpha index: 6
    p- value:  [0.192, 0.126, 0.188, 0.189, 0.293, 0.01, 0.003, 0.002, 0.002, 0.003]
```

对时间序列建模，最重要的就是挖掘序列中不同间隔 k 的自相关性。在检验时间序列是否存在自相关性时，通常需要结合相关图与 Ljung-Box 检验来观察。

因为时间序列中往往包含自相关性和随机噪声，如果模型很好地捕捉了自相关性，那么原始时间序列与模型拟合时间序列之间的残差序列，应该近似等于白噪声。一个标准的白噪声的自相关性满足 $p_0 = 1, p_k = 0(k > 1)$，即对于任意不为 0 的间隔 k，白噪声的自相关系数均为 0。

通过对收益率序列进行分析，可以判断它并不是随机噪声，而是存在很弱的自相关性，这一点也可以参见图 2-2，收益率序列在间隔 $k = 6, k = 14$ 都明显超过了灰色阴影区域，只是自相关系数很小（微弱的自相关性）。

2.3　白噪声与随机游走

白噪声是时间序列分析中最基本的序列模型，在它的基础上延伸出另一个基本的序列模型就是随机游走。

如果一个时间序列 $\{\omega_t\}$ 满足均值为 0，方差为 δ^2，且对于任意间隔 $k \geqslant 1$，自相关系数 $p_k = 0$，则称该时间序列为一个离散的白噪声。一个白噪声序列中的每一个点都满足独立同分布，即具体分布未知，但它们来自一个确定的分布，每一个点的取值都是根据概率分布随机选取的。注意，这里并没有规定 $\{\omega_t\}$ 满足正态分布，实际上大部分的白噪声近似于正态分布，当 $\{\omega_t\}$ 满足正态分布时，该序列称为高斯白噪声。

根据白噪声的定义，显然一个白噪声序列 $\{\omega_t\}$ 满足平稳性要求，即均值为 0，自相关系

数在 $k=0$ 时为 1，$k \geqslant 1$ 时为 0，都是与时间 t 无关的常数。前面讨论过，如果原始时间序列与模型拟合的时间序列的残差序列近似为一个白噪声，就证明模型已经很好地捕捉了时间序列的自相关性。

这里对比一下收益率序列与白噪声，后面将会证明收益率序列同样满足平稳性要求，因此两者都是平稳时间序列；收益率序列具有很弱的自相关性，而白噪声完全没有自相关性。

如图 2-4 所示，分别展示了沪深 300 日收益率序列与高斯白噪声的序列对比（左图）以及它们的相关图（右图）。从图中可以看到，它们的序列波动本身没有明显差异（视觉上都属于随机波动）；但在相关图中，收益率序列存在超过阴影区域的点，白噪声的所有点都在阴影区域内。由于两者的相似关系，通常把白噪声称为收益率序列的一个简单模型。注意，它们只是相似，由于收益率序列具有自相关性，它不能由白噪声来表示。

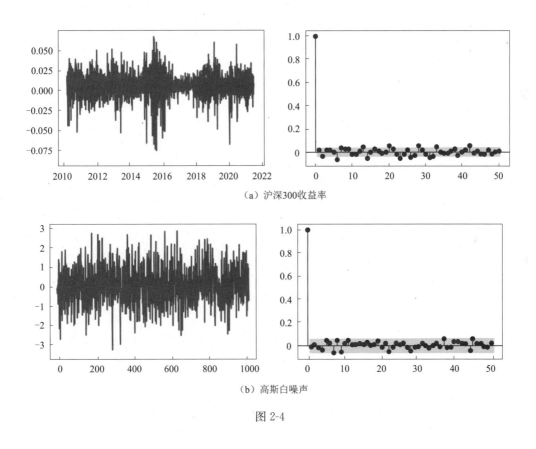

（a）沪深300收益率

（b）高斯白噪声

图 2-4

☞ 代码参见：第 2 章→**white_noise_and_random_walk_1**

```
importnumpy as np
import pandas as pd
```

```python
import statsmodels.api as sm
import matplotlib.pyplot as plt

dateparse = lambda dates: pd.datetime.strptime(dates, '% Y- % m- % d')

df = pd.read_csv('./data/informations.csv', parse_dates= ['date'],
                          index_col= 'date', date_parser= dateparse)

# 随机产生一个高斯白噪声序列
gauss_white_noise = np.random.normal(0, 1, 1000)

fig = plt.figure(figsize= (9, 6))
fig.subplots_adjust(left= 0.08, bottom= 0.06, right= 0.95, top= 0.94, wspace= None,
hspace= 0.3)
plt.subplot(221)
plt.title('hs300_yield_rate')
plt.plot(df['hs300_yield_rate'])
ax1 = fig.add_subplot(222)
sm.graphics.tsa.plot_acf(df['hs300_yield_rate'], lags= 50, ax= ax1, title= 'hs300_
yield_rate')

plt.subplot(223)
plt.title('gauss_white_noise')
plt.plot(gauss_white_noise)
ax2 = fig.add_subplot(224)
sm.graphics.tsa.plot_acf(gauss_white_noise, lags= 50, ax= ax2, title= 'gauss_white
_noise')
plt.show()
```

将白噪声序列进一步延伸，就得到随机游走。对于时间序列$\{x_t\}$，如果它满足$x_t = x_{t-1} + \omega_t$，其中，ω_t是一个均值为 0、方差为δ^2的白噪声，时间序列$\{x_t\}$就被称为随机游走。

由定义可知，$x_t = \omega_t + \omega_{t-1} + \cdots + \omega_1$，即随机游走在$t$时刻的值$x_t$可以表示为历史白噪声的累加和，进而可以推导出随机游走的均值$E(x_t) = E(\omega_t) + E(\omega_{t-1}) + \cdots + E(\omega_1) = 0$，方差$\mathrm{var}(x_t) = \mathrm{var}(\omega_t) + \mathrm{var}(\omega_{t-1}) + \cdots + \mathrm{var}(\omega_1) = t\delta^2$，协方差$\mathrm{cov}(x_t, x_{t+k}) = \mathrm{cov}(x_t, x_t + \omega_{t+1} + \cdots + \omega_k) = \mathrm{cov}(x_t, x_t) + \sum_{i=t+1}^{k} \mathrm{cov}(x_t, \omega_i) = \mathrm{cov}(x_t, x_t) + 0 = t\delta^2$，自相关系数

$$p_k(t) = \frac{\text{cov}(x_t, x_{t+k})}{\sqrt{\text{var}(x_t)}\sqrt{\text{var}(x_{t+k})}} = \frac{t\delta^2}{\sqrt{t\delta^2}\sqrt{(t+k)\delta^2}} = \frac{1}{\sqrt{1+k/t}}$$。注意，随机游走是非平

稳时间序列，因此自相关系数要严格按照定义计算。

对于一个随机游走，虽然均值是常数，但是方差与时间 t 有关，且随着时间的增加，方差越来越大，说明其波动性不断增加，因此它是非平稳时间序列；它的自相关系数既与时间 t 有关，又与间隔 k 有关，对于一个足够长的随机游走（时间 t 很大），如果间隔 k 很小，那么其自相关系数近似为 1。这是随机游走一个非常重要的性质，它往往造成"虚假自相关性"。

以沪深 300 指数为例，在图 2-2 所示中我们解释指数表现出的强相关性正是一种"虚假自相关性"，这种性质符合随机游走的特点。这里对比一下股票指数序列与随机游走，后面将会证明两者都是非平稳序列，并且两者都有很强的自相关性。

如图 2-5 所示分别展示了沪深 300 指数序列与随机游走序列对比（左图）以及它们的相关图（右图）。从图中可以看到，两者的自相关系数具有明显的相似性，通常把随机游走称为股票指数序列的一个简单模型。

对于一个随机游走，它的间隔 $k=1$ 的自相关系数 $p_1(t) \approx 1$，也就是说，在 $t+1$ 时刻的预测值的条件期望为 $E(x_{t+1} \mid x_t) = x_t$，即对于下一个时刻的最好预测就是当前时刻的值。这一特征与股票指数的预测相同，我们对下一时刻股票指数的最好预测就是当前时刻的指数值，这样的预测相当精准，但是它无法预测指数的涨跌，也就失去了实际意义。

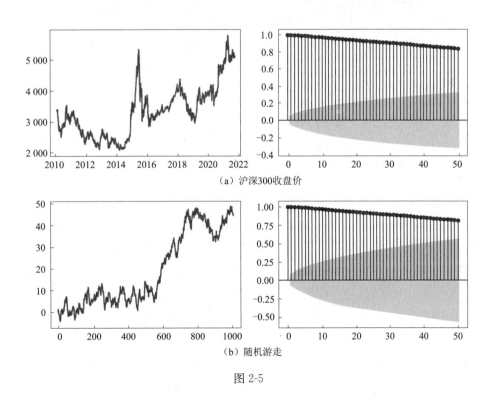

（a）沪深300收盘价

（b）随机游走

图 2-5

☞ 代码参见：第 2 章→**white_noise_and_random_walk_2**

```python
importnumpy as np
import pandas as pd
import statsmodels.api as sm
import matplotlib.pyplot as plt


dateparse = lambda dates: pd.datetime.strptime(dates, '% Y- % m- % d')

df = pd.read_csv('./data /informations.csv', parse_dates= ['date'],
                      index_col= 'date', date_parser= dateparse)


#  随机产生一个高斯白噪声序列
gauss_white_noise = np.random.normal(0, 1, 1000)
#  产生一个随机游走序列
random_walk = [sum(gauss_white_noise[0:i]) for i in range(len(gauss_white_noise))]


fig = plt.figure(figsize= (9, 6))
fig.subplots_adjust(left= 0.08, bottom= 0.06, right= 0.95, top= 0.94,
                          wspace= None, hspace= 0.3)
plt.subplot(221)
plt.title('hs300_closing_price')
plt.plot(df['hs300_closing_price'])
ax1 = fig.add_subplot(222)
sm.graphics.tsa.plot_acf(df['hs300_closing_price'], lags= 50, ax= ax1, title= '
hs300_closing_price')


plt.subplot(223)
plt.title('random_walk')
plt.plot(random_walk)
ax2 = fig.add_subplot(224)
sm.graphics.tsa.plot_acf(random_walk, lags= 50, ax= ax2, title= 'random_walk')
plt.show()
```

前面在介绍序列平稳性时，并没有涉及具体的检验方法。常用的序列平稳性检验方法正是基于随机游走的，称为 ADF 检验，它是一种单位根检验方法。

首先来看 DF 检验,假设序列可以表示为 $y_t = \beta + \alpha_{t-1} y_{t-1} + \gamma t + \varepsilon_t$,其中,$\beta$ 称为漂移项,γ 称为趋势项,ε_t 表示白噪声,如果 $\alpha_{t-1} \geqslant 1$(通常情况不会大于 1),此时序列就表现出了随机游走的特性,它就是非平稳的;如果 $\alpha_{t-1} < 1$,就认为序列是平稳的。将等式两边同时减去 y_{t-1},得:$\Delta y_t = \beta + \delta y_{t-1} + \gamma t + \varepsilon_t$,其中 $\Delta y_t = y_t - y_{t-1}$,$\delta = \alpha_{t-1} - 1$,如果要证明序列是平稳的,我们只需要检验 δ 是否显著地小于 0 即可,这就是 DF 检验。

通常情况下,ε_t 为一个白噪声,它不能有任何的自相关性。为了保证这一点,ADF 检验引入了 Δy_t 的高阶滞后项,检验方程改写为 $\Delta y_t = \beta + \delta y_{t-1} + \eta_1 \Delta y_{t-1} + \eta_2 \Delta y_{t-2} + \cdots + \eta_k \Delta y_{t-k} + \gamma t + \varepsilon_t$。ADF 的原假设和备选假设分别如下所述。

(1)$H_0: \delta \geqslant 0$,序列有单位根,是非平稳的;

(2)$H_1: \delta < 0$,序列没有单位根,是平稳的。

通过最小二乘法依次解得:

$$\Delta y_2 = \beta + \delta y_1 + \eta_1 \Delta y_1 + 2\gamma + \varepsilon_2 \rightarrow \delta_1$$

$$\Delta y_3 = \beta + \delta y_2 + \eta_1 \Delta y_2 + \eta_2 \Delta y_1 + 3\gamma + \varepsilon_3 \rightarrow \delta_2$$

$$\cdots\cdots$$

$$\Delta y_T = \beta + \delta y_{T-1} + \eta_1 \Delta y_{T-1} + \eta_2 \Delta y_{T-2} + \cdots + \eta_k \Delta y_{T-k} + T\gamma + \varepsilon_T \rightarrow \delta_{T-1}$$

得到 δ 的一系列样本为 $\delta_1, \delta_2, \cdots, \delta_{T-1}$,现在我们要检验 δ 是否等于 0,因此这是一个单侧 t 检验,构造统计量:

$$t = \frac{\bar{\delta} - 0}{s / \sqrt{n}} \tag{2.7}$$

其中,$\bar{\delta}$ 表示样本均值,$\bar{\delta} = (\delta_1 + \delta_2 + \cdots + \delta_{T-1}) / (T - 1)$;$s$ 表示样本标准差 $\sqrt{\dfrac{(\delta_1 - \bar{\delta})^2 + (\delta_2 - \bar{\delta})^2 + \cdots + (\delta_{T-1} - \bar{\delta})^2}{T - 2}}$(分子采用了 δ 的均值,因此分母的自由度减 1),n 表示样本容量 $T - 1$。

对于一个带有趋势项的序列一定是不平稳的(可以把序列拆分为多段,每一段的均值都不相等),通常可以采用差分的方法将原序列变为平稳序列。如图 2-6 所示分别为沪深 300 指数序列与它的一阶差分序列。由图中可以看到,通过差分法消除了序列的趋势项。

下面我们分别对沪深 300 指数序列以及它的一阶差分序列、沪深 300 收益率序列做 ADF 检验。

以下是 ADF 校验结果。以 hs300_closing_price_adf 为例解释参数的含义:

第一个参数 -1.101:t 检验,假设检验值;

第二个参数 0.714:p 值,假设检验结果;

第五个参数 {'1%': -3.432, '5%': -2.862, '10%': -2.567}:不同程度下拒绝原假设的统计值。

（a）沪深300指数序列

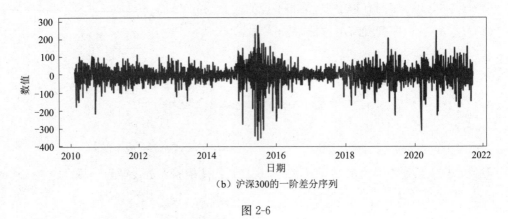

（b）沪深300的一阶差分序列

图 2-6

hs300_closing_price_adf：（-1.101, 0.714, 26, $2\,721$, {'1%': -3.432, '5%': -2.862, '10%': -2.567}, $29\,105.554$）

hs300_closing_price_diff1_adf：（-10.441, $1.514\mathrm{e}{-18}$, 25, $2\,721$, {'1%': -3.432, '5%': -2.862, '10%': -2.567}, $29\,094.637$）

hs300_yield_rate_adf：（-9.724, $9.373\mathrm{e}{-17}$, 27, $2\,720$, {'1%': -3.432, '5%': -2.862, '10%': $-2.567\,335\,967\,911\,981$}, $-15\,331.303$）

因为是采用单侧 t 检验，因此序列平稳的条件是 $p>0.05$ 且越接近 0 越好；t 检验的假设检验值小于其 1% 对应的值。

沪深 300 指数序列中，$p=0.714>0.05$，并且 $-1.101>-3.432$，因此不能拒绝 H_0 假设，序列是非平稳的。

它的一阶差分序列中，$p=1.514\mathrm{e}{-18}$（趋近于 0），并且 $-10.441<-3.432$，因此拒绝 H_0 假设，序列是平稳的。

沪深 300 收益率序列中 $p=9.373\mathrm{e}{-17}$（趋近于 0），并且 $-9.724<-3.432$，因此拒绝 H_0 假设，序列是平稳的。

ADF 检验的原假设是存在单位根，只要这个统计值是小于 1% 水平下的数字就可以极显著地拒绝原假设,认为数据平稳。注意,ADF 值一般是负的,也有正的,但是它只有小于 1%水平以下才能认为是极其显著地拒绝原假设。

☞ 代码参见:第 2 章→adf_test

```
importpandas as pd
import matplotlib.pyplot as plt
from statsmodels.tsa.stattools import adfuller as ADF

dateparse = lambda dates: pd.datetime.strptime(dates, '% Y- % m- % d')

df = pd.read_csv('./data /informations.csv', parse_dates= ['date'],
                        index_col= 'date', date_parser= dateparse)

# 做一阶差分
df['hs300_closing_price_diff1'] = df['hs300_closing_price'].diff(1)

closing_price_adf = ADF(df['hs300_closing_price'].tolist())
closing_price_diff1_adf = ADF(df['hs300_closing_price_diff1'].tolist()[1:])
yield_rate_adf = ADF(df['hs300_yield_rate'].tolist())

print('hs300_closing_price_adf : ', closing_price_adf)
print('hs300_closing_price_diff1_adf : ', closing_price_diff1_adf)
print('hs300_yield_rate_adf : ', yield_rate_adf)

fig = plt.figure(figsize= (9, 6))
fig.subplots_adjust(left= 0.0 8, bottom= 0.06, right= 0.95, top= 0.94,
                            wspace= None, hspace= 0.3)
plt.subplot(211)
plt.title('hs300_closing_price')
plt.plot(df['hs300_closing_price'])

plt.subplot(212)
plt.title('hs300_closing_price_diff1')
plt.plot(df['hs300_closing_price_diff1'])

plt.show()
```

2.4　自回归移动平均模型

自回归移动平均模型（auto-regression moving average，ARMA）是一个通过历史数据对未来进行预测的线性模型。ARMA 又可以分解为自回归（auto-regression，AR）模型与移动平均（moving average，MA）模型两部分，前者通过历史数据预测未来，后者通过历史随机噪声预测未来。

一个 p 阶的 AR 模型可以表示为

$$z_t = \alpha_1 z_{t-1} + \alpha_2 z_{t-2} + \cdots + \alpha_p z_{t-p} + \omega_t \tag{2.8}$$

这是一个线性回归的数学表达式，它与传统的线性回归的区别在于它的自变量与因变量是同一序列，因此称为自回归模型。p 阶的意思是模型采用当前时刻 t 之前的 p 个历史数据点作为自变量来计算 t 时刻的值，ω_t 表示 t 时刻的随机误差，在理想状态下，ω_t 近似为一个白噪声。

如果令 $\alpha_1 = 1, \alpha_i = 0 (1 < i \leqslant p)$，AR 就变成随机游走的形式，因此自回归模型不一定都满足平稳性。自回归模型满足平稳性的条件是对于所有的回归项的系数的模小于 1，即 $|\alpha_i| < 1, (1 \leqslant i \leqslant p)$。在实际中，我们通常要求对平稳时间序列建模。

对于 AR 模型建模，最重要的就是确定阶数 p。这里引入偏自相关性系数（partial auto correlation function，PACF）的定义，对于平稳 AR 序列，它的滞后间隔 k 的偏自相关系数就是在给定了中间 $k-1$ 个随机变量 $z_{t-1}, z_{t-2}, \cdots, z_{t-k+1}$ 的条件下，或者说在剔除了中间 $k-1$ 个随机变量的干扰之后，z_{t-k} 对 z_t 影响的相关程度的度量，数学表达式为

$$p(z_t, z_{t-k} \mid z_{t-1}, \cdots, z_{t-k+1}) = \frac{E[(z_t - \hat{E} z_t)(z_{t-k} - \hat{E} z_{t-k})]}{E[(z_{t-k} - \hat{E} z_{t-k})^2]} \tag{2.9}$$

其中，$\hat{E} z_t = E[z_t \mid z_{t-1}, \cdots, z_{t-k+1}]$，$\hat{E} z_{t-k} = E[z_{t-k} \mid z_{t-1}, \cdots, z_{t-k+1}]$。偏自相关系数说明 t 时刻的值只与前 p 个时刻的值有关，与前 $p+1, p+2, \cdots$ 时刻的值没有相关性，再增加变量长度也不能改进预测效果，这种性质被称为 AR 模型偏自相关系数的截尾性。

这里对比一下自相关系数（ACF）与偏自相关系数（PACF），根据 ACF 求出滞后间隔 k 的自相关系数时，实际上得到的并不是 z_t 与 z_{t-k} 之间单纯的相关关系。因为 z_t 同时还会受到中间 $k-1$ 个随机变量 $z_{t-1}, z_{t-2}, \cdots, z_{t-k+1}$ 的影响，而这 $k-1$ 个随机变量又都和 z_{t-k} 具有相关关系，所以自相关系数里面实际掺杂了其他变量对 z_t 与 z_{t-k} 的影响。偏自相关系数就是为了单纯度量 z_{t-k} 对 z_t 的影响。

计算某一个要素对另一个要素的影响或相关程度时，把其他要素的影响视为常数，即暂不考虑其他要素的影响，而单独研究那两个要素之间的相互关系的密切程度时，称为偏相关。

MA 模型是另一个常见的线性时间序列模型,与 AR 模型采用自回归的方法不同,MA 模型将 t 时刻的值看作是历史随机噪声的线性组合,它把这些噪声理解为不同时刻影响序列变化的冲击,通过对噪声建模进行预测。一个 q 阶的 MA 模型可以表示为

$$z_t = \beta_1 \omega_{t-1} + \beta_2 \omega_{t-2} + \cdots + \beta_q \omega_{t-q} + \omega_t \tag{2.10}$$

一个随机噪声的均值是常数,且它的自协方差与时间 t 无关,因此 MA 模型一定满足平稳性。

对于 MA 模型建模,最重要的就是确定阶数 q。假设 t 时刻的序列取值与之前的随机噪声有线性关系,那么一定可以反映在自相关系数(ACF)中,MA 模型正是通过 ACF 来定阶的。通常情况下,随着滞后项逐渐延长,PACF 的取值迅速趋于 0(截尾性),而 ACF 的取值可能始终没有趋于 0,就像拖着一个长长的尾巴,这种性质被称为 ACF 的拖尾性。

如图 2-7 所示为沪深 300 指数的一阶差分序列、日收益率序列的 ACF、PACF,可以看到两者无论是 ACF 还是 PACF,都在滞后项为 14 的位置收敛(再往后滞后项的相关系数都在灰色阴影区域内)。

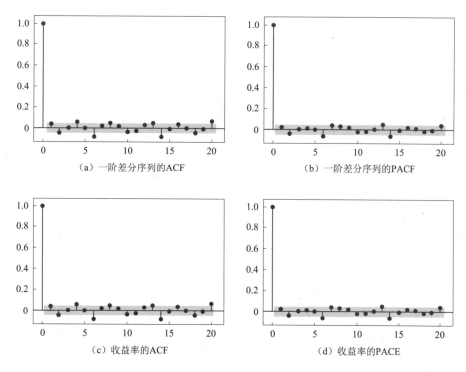

图 2-7

☞ 代码参见：第 2 章→**compute_acf_and_pacf**

```python
importpandas as pd
import statsmodels.api as sm
import matplotlib.pyplot as plt


# 计算自相关图、偏自相关图
def autocorrelation(df, col1, col2, lags):
        fig = plt.figure(figsize= (9, 6))
        fig.subplots_adjust(left= 0.08, bottom= 0.06, right= 0.95, top= 0.94,
    wspace= None, hspace= 0.3)
    ax1 = fig.add_subplot(221)
        sm.graphics.tsa.plot_acf(df[col1], lags= lags, ax= ax1, title= col1 + ' ACF')
        ax2 = fig.add_subplot(223)
        sm.graphics.tsa.plot_pacf(df[col1], lags= lags, ax= ax2, title= col1 + ' PACF')
        ax1 = fig.add_subplot(222)
        sm.graphics.tsa.plot_acf(df[col2], lags= lags, ax= ax1, title= col2 + ' ACF')
        ax2 = fig.add_subplot(224)
        sm.graphics.tsa.plot_pacf(df[col2], lags= lags, ax= ax2, title= col2 + ' PACF')
        plt.show()


dateparse = lambda dates: pd.datetime.strptime(dates, '% Y- % m- % d')


df = pd.read_csv('./data /informations.csv', parse_dates= ['date'],
                        index_col= 'date', date_parser= dateparse)


# 对沪深 300 指数做一阶差分，并对起始位置补 0
df['hs300_closing_price_diff1'] = df['hs300_closing_price'].diff(1)
df['hs300_closing_price_diff1'].fillna(0, inplace= True)


autocorrelation(df, 'hs300_closing_price_diff1', 'hs300_yield_rate', 20)
```

将一个 p 阶的 AR 模型和一个 q 阶的 MA 模型组合在一起,就得到一个阶数为(p, q)的 ARMA 模型,它结合了 AR 与 MA 的优势。一个 (p,q) 阶的 ARMA 模型可以表示为

$$z_t = \alpha_1 z_{t-1} + \cdots + \alpha_p z_{t-p} + \beta_1 \omega_{t-1} + \cdots + \beta_q \omega_{t-q} + \omega_t \qquad (2.11)$$

ARMA 模型假设时间序列可以通过它的滞后项以及随机噪声线性表示,如果该序列是平稳的,即它的行为不会随着时间的推移而发生变化,那么我们就可以通过序列过去的行为预测未来。

如果在 ARMA 模型计算之前对时间序列进行差分(比如通过一阶差分消除沪深 300 指数的趋势项,它的差分序列满足平稳性),就得到 ARIMA 模型。它与 ARMA 模型的唯一区别是它先对序列进行差分,然后通过 ARMA 建模差分序列,在预测时将差分序列还原。

相对于单一的 AR 或 MA,ARMA 模型拥有更多的参数,因此它出现过拟合的风险也更高。确定 ARMA 模型的阶数(p,q)可以参考如图 2-7 所示的相关图,对于沪深 300 指数和日收益率,它们的偏自相关系数与自相关系数都在 6、14 两个位置显著超过灰色阴影区域,因此 p 和 q 的取值应该是 6 或者 14。

通过相关图对模型定阶,具有很强的主观性。通常情况下,估计模型参数的方法需要包括损失函数与正则项两部分。其中,前者希望模型能够更好地拟合序列;后者希望模型不要出现过拟合,使模型具有更好的泛化能力,因此需要平衡预测误差与模型复杂度。下面介绍运用 AIC 与 BIC 两种信息准则函数法来确定模型阶数。

(1)AIC(akaike information criterion)准则,又被称为最小化信息量准则,数学表达式为

$$AIC = -2\ln(L) + 2K \qquad (2.12)$$

其中,L 表示极大似然函数;K 表示模型参数个数。AIC 准则存在一定的不足。当样本容量很大时,在 AIC 准则中拟合误差提供的信息就要受到样本容量的放大,而参数个数的惩罚因子却和样本容量没关系($2K$ 项,惩罚因子恒等于2),因此当样本容量很大时,使用 AIC 准则的模型不收敛于真实模型,它通常比真实模型所含的未知参数个数要多。

(2)BIC(bayesian information criterion)准则,即贝叶斯信息准则,数学表达式为

$$BIC = -2\ln L + K\ln N \qquad (2.13)$$

其中,N 表示样本容量。BIC 弥补了 AIC 的不足,参数个数的惩罚因子 $\ln(N)$ 随着样本容量增长。

显然,AIC 与 BIC 越小越好,我们尝试不同的 p 和 q,通过网格搜索的方式确定最优阶数。

☞ 代码参见：第 2 章→**compute_aic_and_bic**

```python
importwarnings
import pandas as pd
import statsmodels.api as sm


warnings.filterwarnings("ignore")



# 根据 AIC、BIC 准则计算 p、q
def select_p_q(df, col):
    ic_val = sm.tsa.arma_order_select_ic(df[col], ic = ['aic', 'bic'],
                                          trend= 'nc', max_ar= 8, max_ma
                                          = 8)
    print(col + ' AIC', ic_val.aic_min_order)
    print(col + ' BIC', ic_val.bic_min_order)



dateparse = lambda dates: pd.datetime.strptime(dates, '% Y- % m- % d')


df = pd.read_csv('../data /informations.csv', parse_dates= ['date'],
                 index_col= 'date', date_parser= dateparse)


# 对沪深 300 指数做一阶差分，并对起始位置补 0
df['hs300_closing_price_diff1'] = df['hs300_closing_price'].diff(1)
df['hs300_closing_price_diff1'].fillna(0, inplace= True)


select_p_q(df, 'hs300_yield_rate')
select_p_q(df, 'hs300_closing_price_diff1')
```

执行结果如下：
hs300_yield_rate AIC (7, 7)
hs300_yield_rate BIC (2, 2)
hs300_closing_price_diff1 AIC (8, 6)
hs300_closing_price_diff1 BIC (3, 2)

可以看到 BIC 要比 AIC"保守"。对于 AIC 与 BIC 如何选择,可以根据样本容量来判断,在样本容量比较大的情况下,推荐采用 BIC。下面我们开始构建 ARMA 模型,整个模型的构建分为以下 3 步(对于自回归建模的一般流程)。

(1)检验时间序列是否满足平稳性,如果不满足,就可以进行差分(一般经过一阶、二阶差分后满足平稳性),并对差分序列建模;检验时间序列是否存在自相关性,如果没有自相关性(比如白噪声),就无法通过 ARMA 建模;

(2)采用 AIC、BIC 准则,结合相关图确定阶数 (p, q),训练 ARMA 模型并检验模型预测效果;

(3)对残差序列进行自相关性检验,如果残差序列没有自相关性,证明模型表现良好;否则,需要调整模型。

下面我们分别对沪深 300 日收益率、沪深 300 指数建模。对于日收益率,我们直接采用 ARIMA 建模;对于指数,我们首先构建一个 AR 模型,由于 AR 没有平稳性要求,因此可以直接对指数建模,然后我们通过差分法将指数序列变为平稳时间序列(通过前面分析,指数序列经过一阶差分的差分序列满足平稳性),通过 ARIMA 对差分序列建模,再转换为原序列,最后我们采用随机游走对指数序列建模,来验证指数序列是一个随机游走。

这里选取 2019 年 7 月 20 日—2021 年 7 月 20 日的数据。需要指出一点,模型定阶高度依赖于时间段,比如日收益率在 2019 年与 2020 年表现的自相关性不同。关于这一点可以解释为序列处于不断变化中,不可能无时无刻都保持相同的自相关性。ARIMA 模型具有"时效性",即对于当前的预测,与邻近时间段更加相关。比如我们要预测 2021 年 7 月 20 日的收益率,可以分析近两年的序列自相关性,而不必从 2008 年开始追溯。

☞ **代码参见:第 2 章→arima**(具体内容参见代码资源)

```
importpandas as pd
import statsmodels.api as sm
import matplotlib.pyplot as plt
from sklearn.metrics import mean_absolute_error
from statsmodels.stats.diagnostic import acorr_ljungbox as lb_test


import warnings


warnings.filterwarnings("ignore")
```

```python
# 模型阶数选择
def select_p_q(seq, ic= 'aic'):
    trend_evaluate = sm.tsa.arma_order_select_ic(seq, ic= ['aic', 'bic'],
                                                 trend= 'nc', max_ar= 6, max_ma= 6)

print('AIC', trend_evaluate.aic_min_order)
print('BIC', trend_evaluate.bic_min_order)

if ic = = 'aic':
    return trend_evaluate.aic_min_order
elif ic = = 'bic':
    return trend_evaluate.bic_min_order
else:
    return None


# 采用 ARIMA 模型预测
def arima_pred(seq, train_step, pred_step, order):
    seq_len = len(seq)
    index = seq.index.tolist()[train_step:]
    # 在使用 ARIMA 模型时, 建议使用连续索引
    seq.index = [i for i in range(seq_len)]

    pred_seq = []
    # 采用滑动法, 每次预测 pred_step 个步长
    for i in range((seq_len - train_step) // pred_step):
        train_seq = seq[i * pred_step:i * pred_step + train_step]
        train_seq.index = [i for i in range(train_step)]

        model = sm.tsa.SARIMAX(train_seq, order= order).fit(disp= 0, trend= 'c')
        start = train_step
        end = train_step + pred_step - 1
        pred_seq.extend(model.predict(start= start, end= end, dynamic= True))

    # 对末尾无法预测 pred_step 个步长做处理
    resi_step = (seq_len - train_step) % pred_step
    if resi_step ! = 0:
```

```
    train_seq = seq[- resi_step - train_step: - resi_step]
    train_seq.index = [i for i in range(train_step)]

    model = sm.tsa.SARIMAX(train_seq, order= order).fit(disp= 0, trend= 'c')
    start = train_step
    end = train_step + resi_step - 1
    pred_seq.extend(model.predict(start= start, end= end, dynamic= True))

    return pd.Series(index = index, data= seq.tolist()[train_step:]),
                     pd.Series(index= index, data= pred_seq)


# 白噪声检验(Ljung- Box 检验)
def wn_test(seq, lags, alpha):
    _, pvalues = lb_test(seq, lags)

    for pvalue in pvalues:
        if pvalue < alpha:
            return False

    return True


# 模型效果展示
def show(col, origin_seq, pred_seq):
    plt.figure(figsize= (9, 6))
    plt.subplots_adjust(left= 0.0 9, bottom= 0.06, right= 0.95, top= 0.94,
                        wspace= None, hspace= 0.3)


    residual_seq = origin_seq - pred_seq

    plt.subplot(2, 1, 1)
    plt.plot(origin_seq)
    plt.plot(pred_seq)
    plt.legend([col + '(origin seq)', col + '(pred seq)'])

    plt.subplot(2, 1, 2)
```

```python
plt.plot(residual_seq)
plt.legend([col + '(residual seq)'])

plt.show()

# 校验结果
is_wn = wn_test(residual_seq, 1, 0.05)
mae = mean_absolute_error(origin_seq, pred_seq)
print('residual seq is white noise: ', is_wn)
print('pred mae: ', mae)


# ARIMA 执行
def arima_run(df, col, is_diff, train_step, pred_step):
    seq = df[col]
    if is_diff:
        index = df.index.tolist()
        start_val = seq[0]
        # 一阶差分后第一个元素为 NaN, 需要剔除
        seq_diff = seq.diff(1)[1:]

        # 差分序列预测
        p, q = select_p_q(seq_diff)
        origin_seq_diff, pred_seq_diff = arima_pred(seq_diff, train_step,
                                                    pred_step, (p, 0,
                                                    q))
        origin_seq_diff.index = index[- len(origin_seq_diff):]
        pred_seq_diff.index = index[- len(pred_seq_diff):]
        show(col + '_diff', origin_seq_diff, pred_seq_diff)

        # 还原为原序列
        origin_seq = origin_seq_diff.cumsum() + start_val
        pred_seq = pred_seq_diff.cumsum() + start_val
        origin_seq.index = index[- len(origin_seq):]
        pred_seq.index = index[- len(pred_seq):]
        show(col, origin_seq, pred_seq)

    else:
```

```
        p, q = select_p_q(seq)
        origin_seq, pred_seq = arima_pred(seq, train_step, pred_step, (p, 0, q))
        show(col, origin_seq, pred_seq)


# 随机游走预测
def random_walk_run(df, col):
    df[col + '_random_walk'] = [0] + df[col].tolist()[:- 1]

    index = df.index.tolist()[1:]
    origin_seq = pd.Series(index= index, data= df[col][1:].tolist())
    pred_seq = pd.Series(index= index, data= df[col + '_random_walk'][1:].tolist())

    show(col, origin_seq, pred_seq)


dateparse = lambda dates: pd.datetime.strptime(dates, '% Y- % m- % d')
df = pd.read_csv('../data/informations.csv', parse_dates= ['date'],
                    index_col= 'date', date_parser= dateparse)

# 获取 2019 年 7 月 20 日开始的数据
df = df[df.index > = '2019- 07- 20']

# 滑窗法,拟合 train_step 长度的数据,向后预测 pred_step 长度的数据
train_step = 30
pred_step = 1

# 沪深 300 日收益率预测
col = 'hs300_yield_rate'
print(col + '(arima)')
arima_run(df, col, False, train_step, pred_step)

# 沪深 300 指数预测(AR)
col = 'hs300_closing_price'
print(col + '(ar)')
arima_run(df, col, False, train_step, pred_step)

# 沪深 300 指数预测(一阶差分 ARIMA)
print(col + '(arima diff= 1)')
```

```
arima_run(df, col, True, train_step, pred_step)
# 沪深 300 指数预测(随机游走)
print(col + '(random walk)')
random_walk_run(df, col)
```

执行结果如下:

①沪深 300 日收益率序列的 ARIMA 模型。由执行结果可以看到,模型捕捉到了序列的自相关性,残差序列为白噪声,如图 2-8 所示(图中 brigin sep 表示为原始序列,pred seq 表示为预测序列,residual seq 表示为残差序列,后面图中同用)。

```
hs300_yield_rate(arima)
AIC (2, 2)
BIC (1, 0)
residual seq is white noise:  True
pred mae:  0.010133012480111324
```

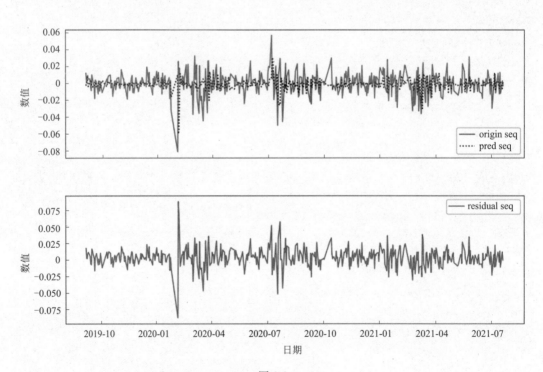

图 2-8

②沪深 300 指数序列的 AR 模型。由执行结果可以看到，AIC、BIC 准则校验结果均显示为 1 阶，近似为随机游走，如图 2-9 所示。

```
hs300_closing_price(ar)
AIC (1, 0)
BIC (1, 0)
residual seq is white noise:  True
pred mae:  42.68423132516786
```

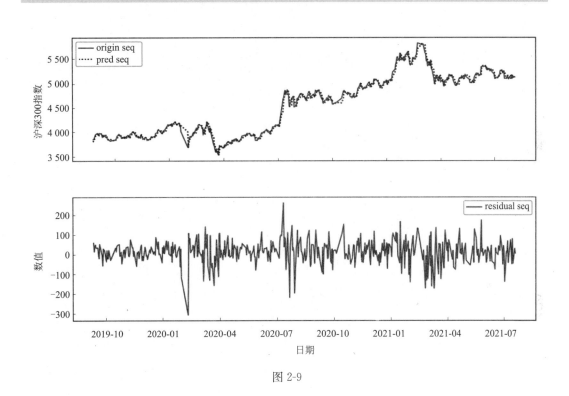

图 2-9

③指数序列的差分序列 ARIMA 模型。对于满足平稳性的差分序列，由执行结果可以看到，模型捕捉到了序列的自相关性，残差序列为白噪声，如图 2-10 所示。

```
hs300_closing_price(arima diff= 1)
AIC (4, 4)
BIC (1, 0)
residual seq is white noise:  True
pred mae:  51.17092456198918
```

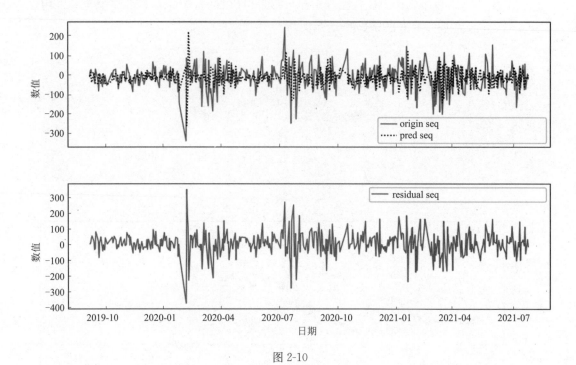

图 2-10

④对差分序列还原的结果。由执行结果可以看到，结果并不理想。虽然可以通过 ARI-MA 模型预测指数的差分序列。但是在还原的过程中，差分序列的误差项将随着时间放大。除非是能够完美地预测差分序列，否则，误差将变得很大；如图 2-11 所示。

```
residual seq is white noise:  False
pred mae:  772.6881822576735
```

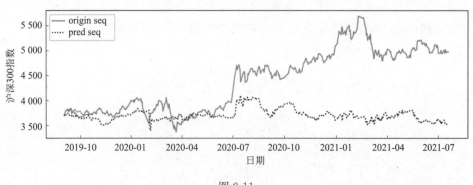

图 2-11

图 2-11（续）

⑤采用随机游走对指数序列建模。对比上面采用一阶 AR 建模结果，可以断定指数序列确实是一个随机游走，对于一个随机游走，任何自回归模型都没有意义；如图 2-12 所示。

```
hs300_closing_price(random walk)
residual seq is white noise:   True
pred mae:   41.83948453608247
```

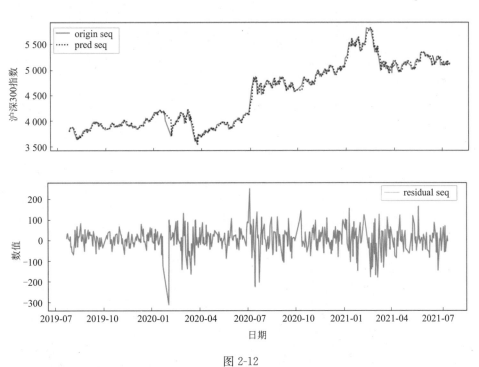

图 2-12

第3章
时间序列分析常用模型

本章介绍一些常用的时间序列分析模型,这些模型简单易用,且往往能够取得不错的效果。首先介绍线性回归模型,它是一种表示线性关系的模型,通过一系列变量的线性组合预测目标变量;然后介绍一种广泛使用的模型 Prophet,它由 Facebook 公司于 2017 年开源,采用时间序列分解的方式建模,通常能够取得不错的效果;最后介绍一种基于 Prophet 扩展的神经网络模型 NeuralProphet,它继承了 Prophet 的基本功能,并扩展了自回归与回归组件,旨在构建一个简单易用且功能齐全的时间序列分析工具。

对于线性回归模型,它的形式与自回归相似,区别在于它是采用外部变量对目标变量进行拟合,而自回归采用目标变量之前的时间点对目标变量之后的值进行拟合。Prophet 采用传统的时间序列分析方法,将时间序列分解为趋势项、季节项、节假日,并分别对每一项建模。NeuralProphet 继承了 Prophet 的分析方法,并且引入神经网络建立回归、自回归模型,功能更加丰富。

3.1　线性回归模型

在第 2 章中,我们介绍了 ARIMA 模型,从自相关性的角度对时间序列进行建模。本节将介绍线性回归(Linear Regression)模型,从特征序列的角度对时间序列进行建模。

给定 k 个属性 $\boldsymbol{x} = (x_1, x_2, \cdots, x_k)^{\mathrm{T}}$,其中,$x_i$ 表示第 $i (1 \leqslant i \leqslant k)$ 个属性的取值,线性回归模型希望学习一个通过属性的线性组合进行预测的函数,即

$$f(\boldsymbol{x}) = w_1 x_1 + w_2 x_2 + \cdots + w_k x_k + b \tag{3.1}$$

其中,$w_1, w_2, \cdots, w_k$ 表示权重;b 表示常数项。一般用向量形式表示为

$$f(\boldsymbol{x}) = \boldsymbol{w}^{\mathrm{T}} \boldsymbol{x} + b, \boldsymbol{w} = (w_1, w_2, \cdots, w_k)^{\mathrm{T}} \tag{3.2}$$

模型要学习的参数就是 $\boldsymbol{w}$ 与 b。对于一个给定的数据集 $D = ((\boldsymbol{x}_1, y_1), (\boldsymbol{x}_2, y_2), \cdots, (\boldsymbol{x}_m, y_m))$,其中 $\boldsymbol{x}_i$ 表示属性向量 $\boldsymbol{x}_i = (x_{1i}, x_{2i}, \cdots, x_{mi})^{\mathrm{T}}$,$y_i$ 表示目标值。线性回归模型就是通过属性向量 $\boldsymbol{x}_i$ 尽可能准确预测目标 y_i,即 $f(\boldsymbol{x}_i) \approx y_i$。可以通过均方误差来度量 $f(\boldsymbol{x})$ 与 y 的差距,参数 $\boldsymbol{w}$ 与 b 的最优解应该让这一误差最小化,即

$$(\boldsymbol{w}^*, b^*) = \min_{\boldsymbol{w}, b} \sum_{i=1}^{m} (f(\boldsymbol{x}_i) - y_i)^2 \tag{3.3}$$

均方误差有非常好的几何意义,它对应欧几里得距离,简称"欧氏距离"。基于均方误差最小化来进行模型求解的方法称为"最小二乘法"。在线性回归中,最小二乘法希望找到一条直线,使得所有样本到直线的欧氏距离之和最小。我们把 $\boldsymbol{w}$ 与 b 改写为向量的形式 $\tilde{\boldsymbol{w}} = (\boldsymbol{w}, b)$,把数据集 D 表示为一个 $m \times (k+1)$ 阶的矩阵形式 $\boldsymbol{X}$:

$$X = \begin{bmatrix} x_{11} & x_{12} & \cdots & x_{1k} & 1 \\ x_{21} & x_{21} & \cdots & x_{2k} & 1 \\ \vdots & \vdots & & \vdots & \vdots \\ x_{m1} & x_{m2} & \cdots & x_{mk} & 1 \end{bmatrix} = \begin{bmatrix} x_1^T & 1 \\ x_2^T & 1 \\ \vdots & \vdots \\ x_m^T & 1 \end{bmatrix}$$

将目标值也改写为向量的形式 $\boldsymbol{y} = (y_1, y_2, \cdots, y_m)$，则有：

$$(\boldsymbol{w}^*, b^*) = \min_{\widetilde{\boldsymbol{w}}} \left\{ (\boldsymbol{y} - \boldsymbol{X}\widetilde{\boldsymbol{w}})^T (\boldsymbol{y} - \boldsymbol{X}\widetilde{\boldsymbol{w}}) \right\} \tag{3.4}$$

等式右边对 $\widetilde{\boldsymbol{w}}$ 求导得 $\dfrac{\partial (\boldsymbol{y} - \boldsymbol{X}\widetilde{\boldsymbol{w}})^T (\boldsymbol{y} - \boldsymbol{X}\widetilde{\boldsymbol{w}})}{\partial \widetilde{\boldsymbol{w}}} = 2\boldsymbol{X}^T (\boldsymbol{X}\widetilde{\boldsymbol{w}} - \boldsymbol{y})$，令导数等于 0 可解得 $2\boldsymbol{X}^T$ $(\boldsymbol{X}\widetilde{\boldsymbol{w}} - \boldsymbol{y}) = 0 \rightarrow \boldsymbol{X}^T \boldsymbol{X} \widetilde{\boldsymbol{w}} = \boldsymbol{X}^T \boldsymbol{y}$，这里 $\boldsymbol{X}^T \boldsymbol{X}$ 与 $\boldsymbol{X}^T \boldsymbol{y}$ 已知，令 $\boldsymbol{A} = \boldsymbol{X}^T \boldsymbol{X}, \boldsymbol{B} = \boldsymbol{X}^T \boldsymbol{y}, \boldsymbol{x} = \widetilde{\boldsymbol{w}}$，即求解 $\boldsymbol{A}\boldsymbol{x} = \boldsymbol{B}$。当 $\boldsymbol{A}$ 可逆时，解得 $\boldsymbol{x} = \boldsymbol{A}^{-1} \boldsymbol{B} \rightarrow \widetilde{\boldsymbol{w}}^* = (\boldsymbol{w}^*, b^*) = (\boldsymbol{X}^T \boldsymbol{X})^{-1} \boldsymbol{X}^T \boldsymbol{y}$。当 $\boldsymbol{A}$ 不可逆时，方程有多组解，即 $\widetilde{\boldsymbol{w}}^*$ 不唯一，即存在多个 $\widetilde{\boldsymbol{w}}^*$ 都能使得均方误差最小化。

由式(3.4)可知，$\boldsymbol{w}$ 直观地表达了各属性值在模型中的重要程度，因此线性回归具有很好的解释性。

对于线性回归建模，一个重要的假设是属性之间相互独立，否则就会出现多重共线性问题。给定 k 个属性 $\boldsymbol{x} = (x_1, x_2, \cdots, x_k)^T$，对应的 k 个权重 $\boldsymbol{w} = (w_1, w_2, \cdots, w_k)^T$，多重共线性定义如下。

(1)对于等式 $w_1 x_1 + w_2 x_2 + \cdots + w_k x_k = 0$，若存在不全为 0 的 $w_1, w_2, \cdots, w_k$ 使等式成立，则称属性之间完全共线性。

(2)对于等式 $w_1 x_1 + w_2 x_2 + \cdots + w_k x_k = 0$，若 $w_1, w_2, \cdots, w_k$ 全部为 0，则称属性之间完全共线性。

(3)对于等式 $w_1 x_1 + w_2 x_2 + \cdots + w_k x_k + c = 0$，若存在不全为 0 的 $w_1, w_2, \cdots, w_k$ 且 $c \neq 0$ 使等式成立，则称属性之间近似共线性。其中，c 为随机误差项。

多重共线性的本质就是属性之间的线性相关。在使用线性回归时，往往需要引入多个属性，这样就很容易造成属性之间的线性相关，导致模型出现过拟合问题。在实际中通常需要满足条件(3)，即选取的属性集合满足近似共线性。解决多重共线性的方法包括如下 3 种。

(1)前向逐步回归法：基本思想是将特征逐个引入模型，对已经选入的特征逐个进行 t 检验，当原来引入的特征由于后面特征的引入变得不再显著时，则将其删除。以确保每次引入新的特征之前，回归方程中只包含显著性属性。这是一个反复的过程，直到既没有显著的特征选入回归方程，也没有不显著的特征从回归方程中剔除为止。以保证最后所得到的特征集最优。

(2)主成分分析：对于一般的多重共线性问题还是适用的，尤其是对共线性较强的变量之间。当采取主成分提取了新的特征后，往往这些变量间的组内差异小而组间差异大，起到了消除共线性的问题，通常采用 PCA 降维。

（3）Lasso 回归：在线性回归中引入 L1 正则，它不仅可以解决过拟合问题，而且可以在参数缩减过程中，将一些重复的参数直接缩减为 0，带来稀疏特征。这可以达到提取有效特征的作用。但是 Lasso 回归的计算过程复杂，毕竟一范数不是连续可导的。

逐步回归法适用于特征维度较少的情况，在高维空间中采用逐步回归法筛选特征的计算量太大。主成分分析虽然能够提取主要特征，但是它对原有特征进行了变换，比如采用 PCA 降维后，新的特征缺乏可解释性。这里重点介绍 Lasso 回归，Lasso 回归引入 L1 正则项对样本数据进行特征选择，通过对原本的系数进行压缩，将较小的系数直接压缩为 0，从而将这部分系数所对应的特征视为非显著性变量。Lasso 回归表达式为

$$(\boldsymbol{w}^*, \boldsymbol{b}^*) = \min_{\boldsymbol{w}, \boldsymbol{b}} \sum_{i=1}^m \left[f(x_i) - y_i \right]^2 + \lambda \sum_{j=1}^d |w_j| \tag{3.5}$$

从式（3.5）可以看出，Lasso 回归就是在线性回归的基础上引入了 L1 正则项 $\lambda \sum_{j=1}^d |w_j|$，如果引入 L2 正则项，就称为岭回归，岭回归表达式为

$$(\boldsymbol{w}^*, \boldsymbol{b}^*) = \min_{\boldsymbol{w}, \boldsymbol{b}} \sum_{i=1}^m \left[f(x_i) - y_i \right]^2 + \lambda \sum_{j=1}^d |w_j|^2 \tag{3.6}$$

Lasso 回归与岭回归都是通过压缩特征的方法解决多重共线性问题。它们的区别在于 L1、L2 正则项求解时有所不同，如图 3-1 所示分别表示采用 L1、L2 正则的求解过程，横轴 β_1 与纵轴 β_2 表示两个特征维度，绿色部分表示正则项约束区域（可行解区域），方程解向量 $\hat{\boldsymbol{\beta}} = (\beta_1, \beta_2)$，线性回归部分的解向量满足在椭圆形轨道上即可，加入正则项后需要满足正则项的约束条件，即方程的最优解 $\hat{\boldsymbol{\beta}}^* = (\beta_1^*, \beta_2^*)$ 应该在椭圆形轨道与正则项区域的交点处。

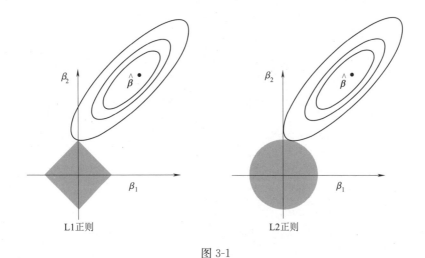

图 3-1

对于 Lasso 回归，采用 L1 正则时的可行解区域更加尖锐，线性回归部分的解更容易与

正则项约束区域的顶点相交,由图 3-1 所示可以看到,交点处 β_1 被压缩为 0。对于岭回归,采用 L2 正则时的可行解区域更加平滑,对 β_1 确实起到了压缩作用,但一般不会压缩到 0。通常 L1 正则更倾向于得到稀疏特征。

下面进行代码实战,我们的目标是通过选取部分特征来预测沪深 300 指数以及日收益率,分别训练线性回归与 Lasso 回归来对比效果。截取 2019 年 1 月—2020 年 12 月的数据用于模型训练,2021 年 1 月—7 月的数据用于测试效果。

其中,在 Lasso 回归中需要定义超参数 λ,这里通过 LassoCV 函数进行十折交叉验证来确定 λ(代码中的变量名为 alpha)。

对于模型效果验证,除了常见的平均绝对误差(MAE),还引入了 R^2 评分,R^2 评分定义为

$$R^2 = 1 - \frac{\text{SS}_{\text{res}}}{\text{SS}_{\text{tot}}}, \text{SS}_{\text{res}} = \sum (y_i - f_i)^2, \text{SS}_{\text{tot}} = \sum (y_i - \overline{y})^2 \tag{3.7}$$

其中,y_i 表示真实值;f_i 表示预测值;$\overline{y}$ 表示样本均值;SS_{res} 表示真实值与模型预测值的残差平方和,SS_{tot} 表示真实值与均值的残差平方和。所以 R^2 就是将模型与数据的均值模型做比较,当模型效果与均值模型相同时,R^2 为 0。通常情况下,模型的效果要优于均值模型,因此 R^2 应该在 0~1 之间,且越接近 1 证明模型效果越好。如果 R^2 为负数,说明模型效果还不如均值模型,很可能是特征组合与目标之间不存在线性相关。

☞ **代码参见**:第 3 章→**linear_regression**

```
importpandas as pd
import matplotlib.pyplot as plt
from sklearn.metrics import mean_absolute_error
from sklearn.linear_model import LinearRegression
from sklearn.linear_model import Lasso, LassoCV
from sklearn.preprocessing import MinMaxScaler


# 线性回归
def lr_process(df_train, df_test, features, label):
    lr_model = LinearRegression()
    lr_model.fit(df_train[features], df_train[label])

    # 回归系数
    w = lr_model.coef_
```

```
    # 截距
    b = lr_model.intercept_

    print('w: ', w)
    print('b: ', b)

    df_train[label + '_pred'] = lr_model.predict(df_train[features])
    df_test[label + '_pred'] = lr_model.predict(df_test[features])

    # 残差评估方法
    train_score = lr_model.score(df_train[features], df_train[label])
    test_score = lr_model.score(df_test[features], df_test[label])

    train_mae = mean_absolute_error(df_train[label], df_train[label + '_pred'])
    test_mae = mean_absolute_error(df_test[label], df_test[label + '_pred'])

    print("train score: ", train_score, '   train mae: ', train_mae)
    print("test score: ", test_score, '   test mae: ', test_mae)

    show(df_train[label], df_train[label + '_pred'], df_test[label],
         df_test[label + '_pred'], label)


# Lasso 线性回归
def lasso_process(df_train, df_test, features, label):
    lassocv_model = LassoCV(cv= 15).fit(df_train[features], df_train[label])
    alpha = lassocv_model.alpha_
    print('best alpha: ', alpha)

    # 调节 alpha 可以实现对拟合的程度
    lr_model = Lasso(max_iter= 10000, alpha= alpha)
    lr_model.fit(df_train[features], df_train[label])

    # 回归系数
    w = lr_model.coef_
    # 截距
    b = lr_model.intercept_
```

```python
print('w: ', w)
print('b: ', b)

df_train[label + '_pred'] = lr_model.predict(df_train[features])
df_test[label + '_pred'] = lr_model.predict(df_test[features])

# 残差评估方法
train_score = lr_model.score(df_train[features], df_train[label])
test_score = lr_model.score(df_test[features], df_test[label])

train_mae = mean_absolute_error(df_train[label], df_train[label + '_pred'])
test_mae = mean_absolute_error(df_test[label], df_test[label + '_pred'])

print("train score: ", train_score, '  train mae: ', train_mae)
print("test score: ", test_score, '  test mae: ', test_mae)

show(df_train[label], df_train[label + '_pred'], df_test[label],
    df_test[label + '_pred'], label)


def show(train_seq, train_seq_pred, test_seq, test_seq_pred, label):
    plt.figure(figsize= (9, 6))
    plt.subplots_adjust(left= 0.09, bottom= 0.06, right= 0.95, top= 0.94,
                                    wspace= None, hspace= 0.3)

    plt.subplot(2, 1, 1)
    plt.plot(train_seq, label= label + '(train)')
    plt.plot(train_seq_pred, label= label + '_pred' + '(train)')
    plt.legend(loc= 'best')

    plt.subplot(2, 1, 2)
    plt.plot(test_seq, label= label + '(test)')
    plt.plot(test_seq_pred, label= label + '_pred' + '(test)')
    plt.legend(loc= 'best')

    plt.show()
```

```
dateparse = lambda dates: pd.datetime.strptime(dates, '% Y- % m- % d')
df = pd.read_csv('../data/informations.csv', parse_dates= ['date'], index_col= 'date',
date_parser= dateparse)


df = df['2019- 01- 01':'2021- 07- 20']
df.dropna(axis= 0, how= 'any', inplace= True)


df['CPI- PPI_YoY'] = df['CPI_YoY'] - df['PPI_YoY']
df['M1- M2_YoY'] = df['M1_YoY'] - df['M2_YoY']
df['PMI_MI- NMI_YoY'] = df['PMI_MI_YoY'] - df['PMI_NMI_YoY']


features = ['financing_balance', 'financing_balance_ratio', 'financing_buy', 'finan-
cing_net_buy', '1M', '6M', '1Y', 'ust_closing_price', 'usdx_closing_price', 'CPI- PPI_
YoY', 'PMI_MI- NMI_YoY', 'M1- M2_YoY', 'credit_mon_YoY', 'credit_acc_YoY']


#  特征放缩到同一尺度
scaler = MinMaxScaler(feature_range= (0, 100))
scaled_features = scaler.fit_transform(df[features])


df[features] = scaled_features


df_train = df['2019- 01- 01':'2020- 12- 31']
df_test = df['2021- 01- 01':'2021- 07- 20']


label = 'hs300_closing_price'
lr_process(df_train, df_test, features, label)
lasso_process(df_train, df_test, features, label)


label = 'hs300_yield_rate'
lr_process(df_train, df_test, features, label)
lasso_process(df_train, df_test, features, label)
```

采用线性回归对沪深 300 指数预测结果,如图 3-2 所示。图中 train 表示为训练集,
pred(train)表示为预测训练集,test 表示为测试集,pred(test)表示为预测测试集。

```
    w:  [ 32.16484955  -12.55614071   0.63569976   0.3831055   2.0267111
      -4.79878805   3.39439484   1.85110134   2.00078083   2.93316004
```

59

```
    -3.26611079   4.07125368   -0.67841818   -0.7765373 ]
  b:  3217.487268949777
  train score:  0.9933776157150602      train mae:  31.4275451935105
  test score:  0.3285320400857893       test mae:  143.8115851320604
```

图 3-2

采用 Lasso 回归对沪深 300 指数的预测结果,如图 3-3 所示。

```
best alpha:  20.13196387790322
  w:  [ 29.62862769   -12.12259175    1.02880832    0.          0.81110083
   -0.          0.          0.47629232    2.08024612    1.27741833
   -3.39309278   4.42885918   -0.76202025   -0.58740661]
  b:  3456.1859094346264
  train score:  0.9925591936943255      train mae:  33.347780628110556
  test score:  0.3438571236108958       test mae:  137.38480781089632
```

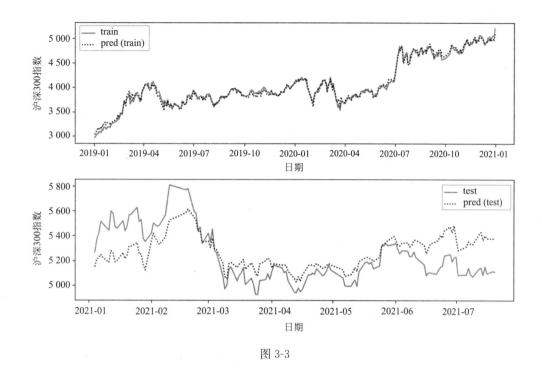

图 3-3

对于沪深 300 指数建模,通过线性回归与 Lasso 回归对比,可以看到 Lasso 回归将各变量的权重系数普遍降低,某些变量的权重系数直接降为 0,认为这些变量与目标变量不存在线性相关性。从结果来看,Lasso 回归与线性回归取得了几乎一致的结果,可以认为 Lasso 回归消除了一些无关变量的影响。

从权重系数来看,两者在第 1、2 个位置的权重较高,对应的特征为 financing_balance、financing_balance_ratio,可以认为它们对目标的影响最大。且权重系数的正负表明变量与目标之间是正相关还是负相关。需要指出一点,这些变量在建模时需要放缩在同一尺度,比较权重系数才有意义。

采用线性回归对沪深 300 日收益率预测结果,如图 3-4 所示。

```
w: [ 4.52712906e-04  -7.43207462e-04  -1.19032935e-04  -5.71138868e-05
    -3.11222107e-05   3.07854696e-04  -1.15897707e-04  -2.82612676e-04
     1.27639733e-04  -2.83498382e-04   2.82979419e-04  -1.45683591e-04
     3.99950150e-05   1.51814293e-05]
b:  0.031014850161978778
train score:  0.14722514672821074    train mae:  0.008906289721331185
test score:  -0.6545335452374084     test mae:  0.013806358429301103
```

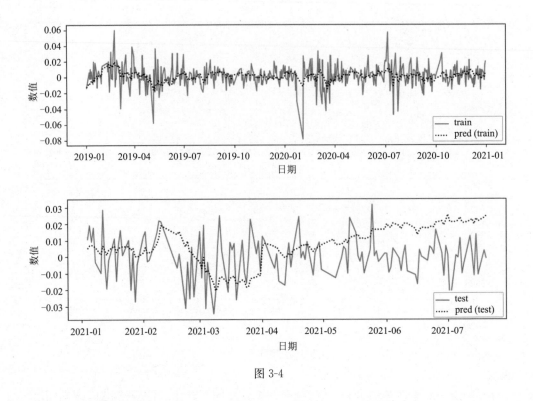

图 3-4

采用 Lasso 回归对沪深 300 日收益率预测结果，如图 3-5 所示。

```
best alpha:  0.006401655079052389

  w:  [ 1.36673249e-04  -3.54611347e-04   0.00000000e+00   -0.00000000e+00
    0.00000000e+00   0.00000000e+00   0.00000000e+00  -8.75632187e-05
  -5.99712757e-05  -0.00000000e+00   0.00000000e+00   0.00000000e+00
    5.77554340e-06   0.00000000e+00]

  b:  0.02251897045324623

  train score:  0.11094963297828818    train mae:  0.009004596172548765

  test score:  0.0737775808366643    test mae:  0.009603970676875198
```

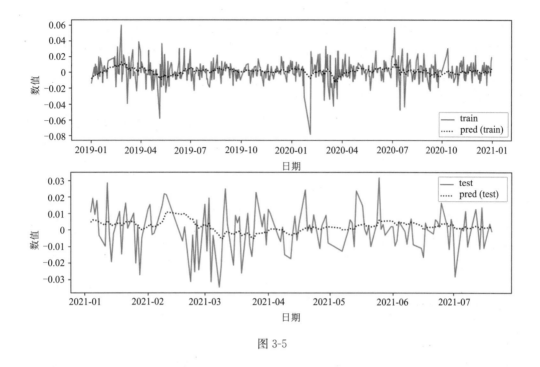

图 3-5

对于沪深 300 日收益率建模，与沪深 300 指数的结果相同，Lasso 回归同样消除了一些无关变量的影响。结果表明，相比于指数，与日收益率存在线性相关关系的变量更少。在对日收益率建模中，直接采用线性回归出现了过拟合，导致在测试集中 test_score<0 的情况，Lasso回归在测试集中表现出更好的效果，这也证明 Lasso 回归消除了一些无关变量的干扰。

3.2　Prophet 模型

FaceBook 公司在 2017 年开源了一个用于时间序列预测的算法，被称为 FBProphet，简称 Prophet。它主要针对序列的趋势项、周期项（季节项）、节假日因素进行建模，并且能够自定义这些因素的影响大小。对于一些商业数据分析具有很好的效果，比如用户增长预测、供应链需求预测等。

在时间序列分析中，有一种常用的方法被称为时间序列分解。通常将时间序列分解为长期趋势项（T）、季节变动项（S）、循环变动项（C）、不规则波动项（I），根据各因素的组合方式又可以分为加法模型与乘法模型：

加法模型：$Y = T + S + C + I$

乘法模型：$Y = T \cdot S \cdot C \cdot I$

通过对等式两边取对数，乘法模型也可以转换为加法模型：

$$\ln Y = \ln(T \cdot S \cdot C \cdot I) = \ln T + \ln C + \ln S + \ln I$$

Prophet 也采用了时间序列分解的方法,结合实际生产场景,将序列分解为趋势项 $g(t)$ 、周期项(季节项) $s(t)$ 、节假日项 $h(t)$,误差项(剩余项) ε_t ,将四项累加就得到时间序列的预测模型:

$$y(t) = g(t) + s(t) + h(t) + \varepsilon_t \tag{3.8}$$

Prophet 针对趋势项、周期项、节假日因素分别建模,下面介绍它们的建模原理。

3.2.1 趋势项

在 Prophet 算法中采用了两种重要的函数来拟合趋势项,一种是基于逻辑回归函数(logistic function)的,另一种是基于分段线性函数(piecewise linear function)的。

我们先来看基于逻辑回归函数的形式。最简单的逻辑回归函数形式为

$$y(t) = \frac{1}{1 + e^{-t}} \tag{3.9}$$

现在增加一些参数,将逻辑回归函数改写为

$$y(t) = \frac{C}{1 + e^{-k(t-m)}} \tag{3.10}$$

其中, C 称为最大渐近值; k 表示曲线的增长率; m 表示偏移量。如图 3-6 所示中,图(a)中的 y_0 表示 $C=1, k=1, m=0$,即式(3.9)的逻辑回归函数曲线;图(b)中的 y_1 令 $C=2$,对比 y_0 相当于提高了函数的上限值;图(c)中的 y_2 令 $k=2$,对比 y_0 相当于提高了函数的斜率(增长速率);图(d)中的 y_3 令 $m=1$,对比 y_0 相当于函数向右平移了一个单位。

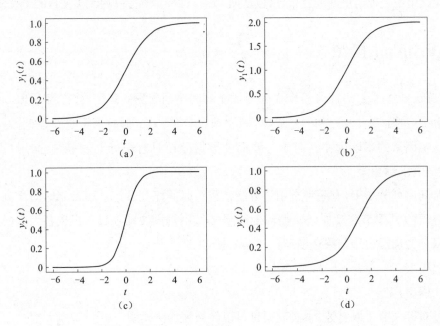

图 3-6

☞ 代码参见:第 3 章→**logistic**

```python
importnumpy as np
import matplotlib.pyplot as plt
def logistic(x, c, k, m):
    return c / (1 + np.exp(- k * (x - m)))



x = np.linspace(- 6, 6, 500)
y0 = logistic(x, c= 1, k= 1, m= 0)
y1 = logistic(x, c= 2, k= 1, m= 0)
y2 = logistic(x, c= 1, k= 2, m= 0)
y3 = logistic(x, c= 1, k= 1, m= 1)

plt.figure(figsize= (9, 5))
plt.subplots_adjust(left= 0.1, right= 0.9, top= 0.95, bottom= 0.05,
                    hspace= 0.2, wspace= 0.2)

plt.subplot(2, 2, 1)
plt.plot(x, y0)
plt.legend(['y0: C= 1, k= 1, m= 0'])

plt.subplot(2, 2, 2)
plt.plot(x, y1)
plt.legend(['y1: C= 2, k= 1, m= 0'])

plt.subplot(2, 2, 3)
plt.plot(x, y2)
plt.legend(['y2: C= 1, k= 2, m= 0'])

plt.subplot(2, 2, 4)
plt.plot(x, y3)
plt.legend(['y3: C= 1, k= 1, m= 1'])

plt.show()
```

因此我们可以通过控制参数 C、k、m 来改变函数的形态。特别地,如果 C、k、m 都是时间 t 的函数,那么我们可以在时间序列的任意时刻改变曲线的走势,令 $C = C(t)$,$k = k(t)$,$m = m(t)$。

此外,曲线的走势肯定不会一直保持不变,在某些特定的时间点存在某种变化,因此需要去检测曲线在哪些时间点发生了变化,这就是变点检测。如图 3-7 所示,在时间序列中,t_a、t_b 就是两个变点。

在 Prophet 中是需要设置变点位置的,默认设定了 25 个变点,变点的范围在序列前 80% 的区间中,并采用均匀分布,也可以以人工指定的方式设置变点。假设在时间序列中已经设置了 S 个变点,变点的位置为 $s_j (1 \leqslant j \leqslant S)$,那么我们需要给出在时间点 s_j 上增长率发生的变化。令向量 $\boldsymbol{\delta} = (\delta_1, \delta_2, \cdots, \delta_S)^\mathrm{T} \in \mathbb{R}^S$,其中,$\delta_j$ 表示在时间点 s_j 上增长率的变化量,起始增长率为 k,定义在 t 时刻的增长率为 $k + \sum\limits_{j: t \leqslant s_j} \delta_j$,即 t 时刻增长率的变化量就是将 $\leqslant t$ 时刻的变点的增长率的变化量相加。

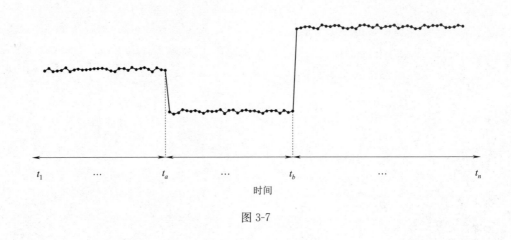

图 3-7

设定一个向量 $\boldsymbol{a}(t) \in \{0, 1\}^S$:

$$a_j(t) = \begin{cases} 1 & \text{当 } t \geqslant s_j \\ 0 & \text{否则} \end{cases} \tag{3.11}$$

这样在 t 时刻的增长率就可以改写为 $k + \boldsymbol{a}(t)^\mathrm{T} \boldsymbol{\delta}$,当增长率 k 确定了,偏移量 m 也需要做相应的适配,以保证各线段的端点能够自然地连接。通过计算可以得到:

$$r_j = \left(s_j - m - \sum_{l < j} r_l \right) \left[1 - \frac{k + \sum\limits_{l \leqslant j} \delta_l}{k + \sum\limits_{l \leqslant j} \delta_l} \right] \tag{3.12}$$

因此采用逻辑回归函数的趋势项模型为

$$g(t) = \frac{C(t)}{1 + \exp(-(k + \boldsymbol{a}(t)^\mathrm{T} \boldsymbol{\delta})(t - (m + \boldsymbol{a}(t)^\mathrm{T} \boldsymbol{r})))} \tag{3.13}$$

其中，$a(t) = (a_1(t), \cdots, a_S(t))^T$，$\boldsymbol{\delta} = (\delta_1, \cdots, \delta_S)^T$，$\boldsymbol{r} = (r_1, \cdots, r_S)^T$。

在逻辑回归函数中，一个重要的参数是 $C(t)$，即系统的预期容量，在建模时需要提前设置。

Prophet 还提供了基于分段线性函数的趋势项模型。线性函数指的是 $y = kx + b$，这里直接给出采用分段线性函数的趋势项模型：

$$g(t) = (k + a(t)^T \boldsymbol{\delta}) t + (m + a(t)^T \boldsymbol{r}) \tag{3.14}$$

各项参数的含义可以参照逻辑回归函数。注意，这里唯一的区别是在分段线性函数中关于偏移量的设置，令 $r_j = -s_j \delta_j$，以保证各线段的端点能够自然地连接。

关于变点的选择，可以根据实际业务情况手动指定，Prophet 也提供了自动选择功能。在介绍自动选择之前，先要介绍一下 Laplace 分布，它的概率密度函数为

$$f(x \mid u, b) = \frac{1}{2b} e^{-\frac{|x-u|}{b}} \tag{3.15}$$

其中，u 表示位置参数；b 表示尺度参数。Laplace 分布的期望为 u，方差为 $2b^2$。如图 3-8 所示，分别绘制 Laplace 分布与正态分布的概率密度函数，这里我们对比两者的差异。从图中可以看出，正态分布的拖尾更小，即它的分布更集中，而 Laplace 分布的拖尾更大，这说明服从 Laplace 分布的随机变量出现极端值的概率要更大。

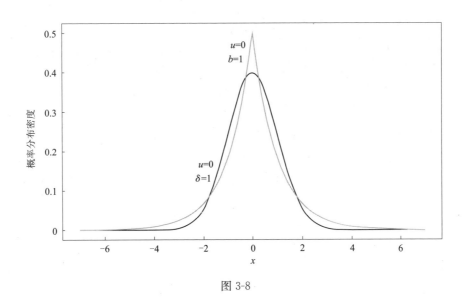

图 3-8

Prophet 默认变点的选择范围是序列前 80% 的数据，通过等分法找到 25 个变点，变点的增长率的变化量 δ_j 服从 Laplace 分布，即 $\delta_j \sim \text{Laplace}(u = 0, b = \tau)$。当 τ 趋于 0 时，δ_j 也趋于 0，此时变点的作用也就消失了，趋势项模型退化为全段的逻辑回归函数或线性函数。

在预测时,我们假设历史上变点的规律会持续到未来。从历史上长度为 T 的数据中,选择 S 个变点,变点对应的增长率的变化量为 $\delta_j \sim \mathrm{Laplace}(0, \tau)$,假设未来变点的尺度参数为 λ,令 $\lambda = \dfrac{1}{S} \sum\limits_{j=1}^{S} |\delta_j|$,可以近似理解为未来 δ_j 的取值范围是历史 δ_j 的所有取值的平均水平。

3.2.2 季节项

商业数据中一般都包含人类行为的影响,因此这一类时间序列通常具有季节性或周期性。比如商业中心人流量、煤炭供应量等都具有显著的周期性。

在 Prophet 中,季节项是季节与周期的统称,采用傅里叶级数来模拟时间序列的季节项。令 P 表示周期,$P = 365.25$ 表示以年为周期,$P = 7$ 表示以周为周期,它的傅里叶级数形式为

$$s(t) = \sum_{n=1}^{N} \left[a_n \cos\left(\frac{2\pi n t}{P}\right) + b_n \sin\left(\frac{2\pi n t}{P}\right) \right] \tag{3.16}$$

Prophet 给出了 N 的经验值,对以年为周期的序列($P = 365.25$),$N = 10$;对以周为周期的序列($P = 7$),$N = 3$。N 越大,表示季节项变动越快。参数可以写成向量的形式:$\boldsymbol{\beta} = (a_1, b_1, \cdots, a_N, b_N)^{\mathrm{T}}$,当 $N = 10$ 时,$\boldsymbol{x}(t) = \left(\cos\left(\frac{2\pi(1)t}{365.25}\right), \cdots, \sin\left(\frac{2\pi(10)t}{365.25}\right) \right)^{\mathrm{T}}$,当 $N = 3$ 时,$\boldsymbol{x}(t) = \left[\cos\left(\frac{2\pi(1)t}{7}\right), \cdots, \sin\left(\frac{2\pi(3)t}{7}\right) \right]^{\mathrm{T}}$,因此季节项可以写为 $s(t) = \boldsymbol{x}(t)^{\mathrm{T}} \beta$。Prophet 中将 β 初始化为正态分布,即 $\beta \sim \mathrm{Normal}(0, \delta^2)$,$\delta^2$ 越大,表示季节效应越明显。

3.2.3 节假日

节假日会给时间序列带来一些影响,这种影响通常无法在季节项中捕捉到。比如国庆节、春节等影响,这种影响是确定性的,通常是每年呈现出相似的关系。

不同国家有着不同的假期,在 Prophet 中提供了一些节假日信息,如图 3-9 所示。

Holiday	Country	Year	Date
Thanksgiving	US	2015	26 Nov 2015
Thanksgiving	US	2016	24 Nov 2016
Thanksgiving	US	2017	23 Nov 2017
Thanksgiving	US	2018	22 Nov 2018
Christmas	*	2015	25 Dec 2015
Christmas	*	2016	25 Dec 2016
Christmas	*	2017	25 Dec 2017
Christmas	*	2018	25 Dec 2018

图 3-9

也可以根据自身情况设置假期,比如 618、双 11 等。由于每个节假日对时间序列的影响不同,不同的节假日可以看成是相互独立的模型,并且可以为不同的节假日设置不同的前后窗口期,表示该节假日对前后一段时间会产生影响。对于一个假期 i,D_i 表示该节假日前后一段时间,假设总共有 L 个节假日,我们定义一个指示函数来表示时间 t 是否在假期 i 的影响范围中:$z(t)=(1(t\in D_1)^{\mathrm{T}},\cdots,1(t\in D_L))^{\mathrm{T}}$,同时需要定义一个参数 κ_i 来表示节假日的影响程度:$\kappa=(\kappa_1,\cdots,\kappa_L)^{\mathrm{T}}$,则节假日模型表示为

$$h(t)=z(t)^{\mathrm{T}}\kappa \tag{3.17}$$

与季节项相同,这里 κ 同样服从正态分布,即 $\kappa \sim \mathrm{Normal}(0,v^2)$。

3.2.4　模型拟合

根据前面对趋势项、季节项、节假日建模,我们已经可以建立模型对数据进行拟合了。在 Prophet 中采用 L－BFGS 方法训练模型,注意,ε 作为误差项存在,模型针对 $g(t)$、$s(t)$、$h(t)$ 进行训练。

$$y(t) = g(t) + s(t) + h(t) + \varepsilon \tag{3.18}$$

下面进行 Prophet 实战。我们将分别采用分段线性函数与逻辑回归函数建模,其中分段线性函数用于沪深 300 指数建模,逻辑回归函数用于沪深 300 日收益率建模。实验证明,在沪深 300 指数建模中,我们采用序列标准化对数据进行放缩比直接采用原序列具有更好的效果。

Prophet 不仅能生成预测序列(yhat),还能够生成序列上限(yhat_upper)和序列下限(yhat_lower)。

在调整参数的时候,可以按照顺序,先调整趋势项,再调整季节项,最后调整节假日。

☞ **代码参见:第 3 章→propphet**

```
importpandas as pd
from fbprophet import Prophet
import matplotlib.pyplot as plt
from sklearn.metrics import mean_absolute_error


# 趋势项采用逻辑回归函数,采用逻辑回归必须设置最大渐进值 C(t):cap
def prophet_with_logistic(df, cap, holidays, periods):
    model = Prophet(growth= 'logistic', n_changepoints= 60,
```

```
                        changepoint_range= 0.9, changepoint_prior_scale= 0.1,
                        holidays= holidays, holidays_prior_scale= 5)

    model.add_seasonality(name= 'weekly', period= 14, fourier_order= 3,
                        prior_scale= 0.5)
    df['cap'] = cap

    model.fit(df)
    future = model.make_future_dataframe(periods= periods, freq= 'D')
    future['cap'] = cap
    forecast = model.predict(future)

    model.plot(forecast, figsize= (9, 5))
    plt.show()

    return forecast


# 趋势项采用分段线性函数
def prophet_with_linear(df, holidays, periods):
    model = Prophet(growth= 'linear', n_changepoints= 5,
                        changepoint_range= 0.9, changepoint_prior_scale= 0.1,
                        holidays= holidays, holidays_prior_scale= 5)

    model.add_seasonality(name = 'weekly', period= 14, fourier_order= 3,
                        prior_scale= 5)

    model.fit(df)
    future = model.make_future_dataframe(periods= periods, freq= 'D')
    forecast = model.predict(future)

    model.plot(forecast, figsize= (9, 5))
    plt.show()

    return forecast
# 数据展示
def show(forecast, col, yseq, periods, mean= 0, std= 1):
```

```python
    forecast = forecast[- periods:]

    x = forecast['ds']

    yseq = yseq * std + mean
    yhat = forecast['yhat'] * std + mean
    yhat_lower = forecast['yhat_lower'] * std + mean
    yhat_upper = forecast['yhat_upper'] * std + mean

    test_mae = mean_absolute_error(yhat, yseq)

    print(col + ' forecast mae: ', test_mae)

    plt.figure(figsize= (9, 4))
    plt.subplots_adjust(left= 0.1, right= 0.98, top= 0.9, bottom= 0.1, hspace= 0.2,
                                    wspace= 0.05)

    plt.plot(x, yseq)
    plt.plot(x, yhat)
    plt.plot(x, yhat_lower)
    plt.plot(x, yhat_upper)

    plt.legend(['yseq', 'yhat', 'yhat lower', 'yhat upper'])

    plt.show()


# 构造节假日
# lower_window 节假日前影响范围
# upper_window 节假日后影响范围
def build_holidays(lower_window, upper_window):
    # 元旦
    new_year_day = pd.DataFrame({
        'holiday': 'new_year_day',
        'ds': pd.to_datetime(['2018- 01 - 01', '2018-12-30', '2018-12-31',
                              '2019-01-01', '2020-01-01', '2021-01-01',
                              '2021-01-02', '2021-01-03']),
```

```
        'lower_window': lower_window,
        'upper_window': upper_window,
})


# 春节
cn_new_year = pd.DataFrame({
    'holiday': 'cn_new_year',
    'ds': pd.to_datetime(
        ['2018-02-15', '2018-02-16', '2018-02-17', '2018-02-18',
         '2018-02-19', '2018-02-20', '2018-02-21', '2019-02-04',
         '2019-02-05', '2019-02-06', '2019-02-07', '2019-02-08',
         '2019-02-09', '2019-02-10', '2020-01-24', '2020-01-25',
         '2020-01-26', '2020-01-27', '2020-01-28', '2020-01-29',
         '2020-01-30', '2020-01-31', '2020-02-01', '2020-02-02',
         '2021-02-11', '2021-02-12', '2021-02-13', '2021-02-14',
         '2021-02-15', '2021-02-16', '2021-02-17']),
    'lower_window': lower_window,
    'upper_window': upper_window,
})


# 清明
clear_and_bright = pd.DataFrame({
    'holiday': 'clear_and_bright',
    'ds': pd.to_datetime(
        ['2018-04-05', '2018-04-06', '2018-04-07',
         '2019-04-05', '2019-04-06', '2019-04-07',
         '2020-04-04', '2020-04-05', '2020-04-06',
         '2021-04-03', '2021-04-04', '2021-04-05'
         ]),
    'lower_window': lower_window,
    'upper_window': upper_window,
})
# 五一
labor_day = pd.DataFrame({
    'holiday': 'labor_day',
    'ds': pd.to_datetime(
        ['2018-04-29', '2018-04-30', '2018-05-01', '2019-05-01',
```

```
        '2019-05-02', '2019-05-03', '2019-05-04', '2020-05-01',
        '2020-05-02', '2020-05-03', '2020-05-04', '2020-05-05',
        '2021-05-01', '2021-05-02', '2021-05-03', '2021-05-04',
        '2021-05-05'
        ]),
    'lower_window': lower_window,
    'upper_window': upper_window,
})


# 端午
dragon_boat = pd.DataFrame({
    'holiday': 'dragon_boat',
    'ds': pd.to_datetime(
        ['2018-06-16', '2018-06-17', '2018-06-18',
        '2019-06-07', '2019-06-08', '2019-06-09',
        '2020-06-25', '2020-06-26', '2020-06-27',
        '2021-06-12', '2021-06-13', '2021-06-14'
        ]),
    'lower_window': lower_window,
    'upper_window': upper_window,
})


# 中秋
mid_autumn = pd.DataFrame({
    'holiday': 'mid_autumn',
    'ds': pd.to_datetime(
        ['2018-09-22', '2018-09-23', '2018-09-24',
        '2019-09-13', '2019-09-14', '2019-09-15',
        # 2020 年中秋、国庆连在一起，因此设置在影响因素更大的国庆假日中
        '2021-09-19', '2021-09-21'
        ]),
    'lower_window': lower_window,
    'upper_window': upper_window,
})


# 国庆
national_day = pd.DataFrame({
```

```
        'holiday': 'national_day',
        'ds': pd.to_datetime(
            ['2018-10-01', '2018-10-02', '2018-10-03', '2018-10-04',
             '2018-10-05', '2018-10-06', '2018-10-07', '2019-10-01',
             '2019-10-02', '2019-10-03', '2019-10-04', '2019-10-05',
             '2019-10-06', '2019-10-07', '2020-10-01', '2020-10-02',
             '2020-10-03', '2020-10-04', '2020-10-05', '2020-10-06',
             '2020-10-07', '2020-10-08'
             ]),
        'lower_window': lower_window,
        'upper_window': upper_window,
    })

    holidays = pd.concat([new_year_day, cn_new_year, clear_and_bright,
                          labor_day, dragon_boat, mid_autumn, national_day])

    return holidays


dateparse = lambda dates: pd.datetime.strptime(dates, '% Y-% m-% d')
df = pd.read_csv('../data/informations.csv', parse_dates= ['date'], date_parser=
dateparse)
df = df[df['date'] > = '2018-01-01']
df.rename(columns= {'date': 'ds'}, inplace= True)

# 预测步长
periods = 30

# 沪深 300 指数建模
col = 'hs300_closing_price'
mean = df[col].mean()
std = df[col].std()
# 序列标准化
df[col] = (df[col] -mean) / std
# 划分训练集、测试集
train_df = df[:-periods]
test_df = df[-periods:]
```

```
train_df.rename(columns= {col: 'y'}, inplace= True)
forecast = prophet_with_linear(train_df, build_holidays(-7, 7), periods)
show(forecast, col, test_df[col], periods, mean, std)


del train_df['y']
# 沪深 300 日收益率建模
col = 'hs300_yield_rate'
train_df.rename(columns= {col: 'y'}, inplace= True)
forecast = prophet_with_logistic(train_df, 0.05, build_holidays(-2, 1), periods)
show(forecast, col, test_df[col], periods)
```

采用分段线性函数对沪深 300 日收益率建模结果，如图 3-10 所示。

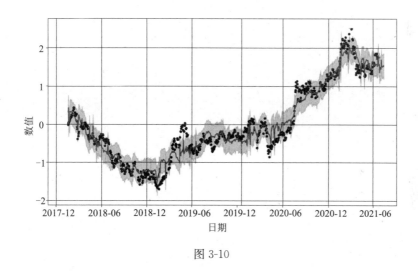

图 3-10

采用分段线性函数对沪深 300 指数预测结果，如图 3-11 所示。

```
hs300_closing_price forecast mae:  52.69853763005676
```

Prophet 的拟合结果更加平滑，且指数曲线在预测曲线的上下界之内（一般指数不会暴涨或暴跌），但是并没有达到随机游走的效果。

采用逻辑回归函数对沪深 300 日收益率建模结果，如图 3-12 所示。

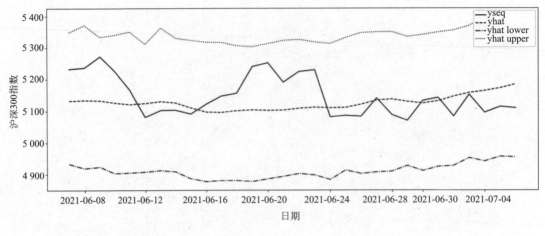

图 3-11

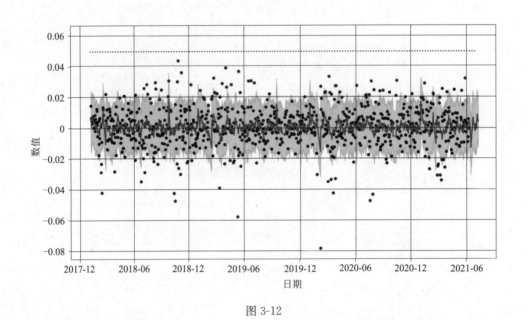

图 3-12

采用逻辑回归函数对沪深 300 日收益率预测结果，如图 3-13 所示。

```
hs300_yield_rate forecast mae:   0.007183019437440629
```

　　Prophet 对日收益率的预测结果超过了 ARIMA，不过这仅仅是在局部数据的表现，没有在全量数据上验证。通常 Prophet 更适合应用在具有趋势或周期的序列中，比如用户增长序列预测，而日收益率并没有这些特征。

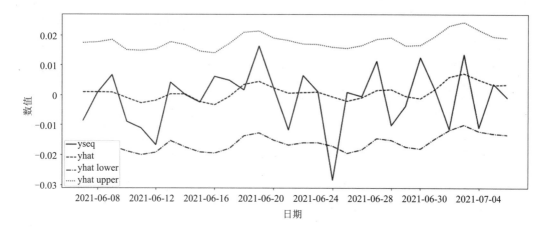

图 3-13

代码中设置了很多节假日信息,旨在说明 Prophet 对不同类型的节假日是分别建模的,这里为了方便,对所有节假日设置了相同的前后窗口期。实际上,不同节假日可以设置不同的窗口期。

3.3　NeuralProphet 模型

继 Facebook 公司开源工具 Prophet 后,一种基于神经网络的时间序列预测模型 NeuralProphet 也在 2020 年推出,它建立在神经网络框架 PyTorch 的基础上,技术上受到 Prophet 与 AR-Net 的启发,该项目的主要维护者来自斯坦福大学、Facebook 公司、莫纳什大学。

NeuralProphet 以神经网络为基础,通过模块化的方式添加用于时间序列预测的组件,旨在提供一个简单易用的预测工具。NeuralProphet 针对 Prophet 做了以下改进。

(1)充分利用 PyTorch 的梯度优化引擎来加速模型拟合。

(2)引入 AR-Net 对时间序列的自相关性建模。

(3)采用独立前馈神经网络,引入相关变量建立滞后回归模型。

(4)引入相关变量建立回归模型。

(5)神经网络可配置非线性层,可自定义损失函数以及模型度量方法。

3.3.1　NeuralProphet 组件

NeuralProphet 组件继承了 Prophet 中趋势项(trend)、季节项(seasonality)、节假日(事件)(events),还引入了自回归项(auto-regression)、滞后回归项(lagged-regression)、未来回归项(future-regression)。

如图 3-14 所示,假设总共有 7 个时间点,中间一行点表示目标序列,上方与下方点表示具有相关性的其他序列。首先来看自回归,它是通过序列之前的值来预测序列之后的值,图中表示为通过 $t=1,2,3,4,5,6$ 时刻的值(中间点)预测 $t=7$ 时刻的值;再来看滞后回归,它是通过其他序列之前的值来预测目标序列之后的值,图中表示为采用两列其他序列 $t=1,2,3,4,5,6$ 时刻的值(上方点)预测 $t=7$ 时刻的值(中间一行点);最后是未来回归,它假设某些相关变量在未来是已知的,就可以采用回归的方法用这些变量预测目标值,图中表示为在每个时刻都采用两个相关变量(下方点)预测目标值(中间一行点)。

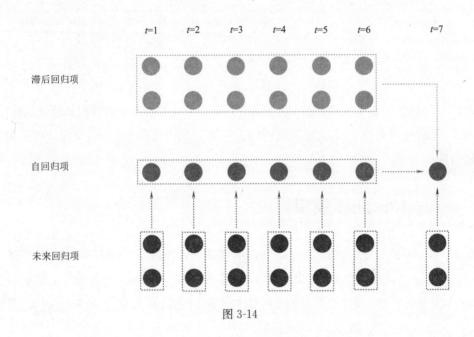

图 3-14

对于自回归,可以类比于 ARIMA,NeuralProphet 中采用 AR-Net 实现;对于滞后回归,NeuralProphet 中采用前馈神经网络实现;对于未来回归,可以类比于线性回归,Neural-Prophet 文档中并未提及具体的实现方法。

下面简单介绍一下。

3.3.2 自回归神经网络

自回归神经网络(autoregressive neural network,简称 AR-Net)本质上也是一个较基本的前馈神经网络,由一个前馈神经网络组成(关于神经网络的相关知识可以参见第 4 章),它模仿 ARIMA 中的 AR(auto-regression)过程,用公式表示为

$$y_t = \sum_{i=1}^{p} w_i \, y_{t-i} + b + \varepsilon_t \tag{3.19}$$

其中,y_{t-i} 表示与 y_t 存在自相关的滞后项;b 为一个常数;ε_t 表示 t 时刻的随机误差。这一

过程也可以用一个前馈神经网络表示,如图 3-15 所示,图(a)的神经网络完全等价于一个 AR 过程,通过模型训练我们可以得到与 AR 模型几乎相同的权重,被称为 AR-equivalent neural network;图(b)在输入与输出之间加入了隐藏层,更深的层使得神经网络的学习能力更强,一般优于 AR 模型,但牺牲了可解释性,被称为 AR-inspired neural network。

在 NeuralProphet 中,采用自回归项时默认启动 AR-Net,如果序列中日期存在缺失,模型将自动补齐缺失值。

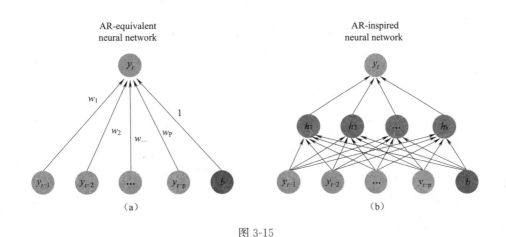

图 3-15

3.3.3　NeuralProphet 实战

到目前为止,NeuralProphet 仍处于开发中,没有任何论文详细说明建模的具体过程。比如没有清楚地解释趋势项、季节项、自回归等各项之间如何组合,各项之间在模型训练中如何进行参数优化。

在实际使用中,比如趋势项、季节项的参数也并不与 Prophet 完全相同。目前趋势项只能提供分段线性函数,还没有添加逻辑回归函数。

这里我们只提供一个基于沪深 300 日收益率的预测案例作为参考,考虑趋势项、季节项、节假日以及自回归项,根据一些经验,参数调节的顺序可以按照趋势项、季节项、节假日、自回归的顺序调节。

☞ **代码参见:第 3 章→neural_prophet**

```
importpandas as pd
import matplotlib.pyplot as plt
```

```
from neuralprophet import NeuralProphet
from sklearn.metrics import mean_absolute_error


# 结果展示
def show(col, x, yseq, ypred):
    yseq = yseq
    ypred = ypred
    mae = mean_absolute_error(yseq, ypred)

    print(col + ' forecast mae: ', mae)

    plt.figure(figsize= (9, 4))
    plt.subplots_adjust(left= 0.1, right= 0.98, top= 0.9, bottom= 0.1, hspace= 0.2,
                                        wspace= 0.05)

    plt.plot(x, yseq)
    plt.plot(x, ypred)
    plt.legend(['yseq', 'ypred'])

    plt.show()


# 节假日与事件设置
def build_holidays():
    # 只考虑影响最大的两个节假日:春节与国庆
    holiday_history = pd.DataFrame({
        'event': 'h',
        'ds': pd.to_datetime([
            # 春节
            '2018-02-15', '2018-02-16', '2018-02-17', '2018-02-18',
            '2018-02-19', '2018-02-20', '2018-02-21', '2019-02-04',
            '2019-02-05', '2019-02-06', '2019-02-07', '2019-02-08',
            '2019-02-09', '2019-02-10', '2020-01-24', '2020-01-25',
            '2020-01-26', '2020-01-27', '2020-01-28', '2020-01-29',
            '2020-01-30', '2020-01-31', '2020-02-01', '2020-02-02',
            '2021-02-11', '2021-02-12', '2021-02-13', '2021-02-14',
```

```
                  '2021-02-15', '2021-02-16', '2021-02-17',

                  # 端午
                  '2018-06-16', '2018-06-17', '2018-06-18',
                  '2019-06-07', '2019-06-08', '2019-06-09',
                  '2020-06-25', '2020-06-26', '2020-06-27',

                  # 国庆
                  '2018-10-01', '2018-10-02', '2018-10-03', '2018-10-04',
                  '2018-10-05', '2018-10-06', '2018-10-07', '2019-10-01',
                  '2019-10-02', '2019-10-03', '2019-10-04', '2019-10-05',
                  '2019-10-06', '2019-10-07', '2020-10-01', '2020-10-02',
                  '2020-10-03', '2020-10-04', '2020-10-05', '2020-10-06',
                  '2020-10-07', '2020-10-08'
            ])
      })

      holiday_feature = pd.DataFrame({
            'event': 'h',
            'ds': pd.to_datetime([
                  # 端午
                  '2021-06-12', '2021-06-13', '2021-06-14'
            ])
      })

      return holiday_history, holiday_feature


dateparse = lambda dates: pd.datetime.strptime(dates, '% Y-% m-% d')
df = pd.read_csv('../data/informations.csv', parse_dates= ['date'], date_parser=
dateparse)
df = df[df['date'] > = '2018-01-01']
# 模型的输入必须为 ds 与 y
df.rename(columns= {'date': 'ds', 'hs300_yield_rate': 'y'}, inplace= True)
df = df[['ds', 'y']]

# 预测步长
```

```
periods = 30
train_df = df[:-periods]
test_df = df[-periods:]

model = NeuralProphet(
    # 趋势项、季节参数,趋势项只能为 linear(growth= off 没有趋势)
    growth= "linear", n_changepoints= 150,  changepoints_range= 0.9, trend_reg= 0,
    yearly_seasonality= "auto", weekly_seasonality= "auto",
    daily_seasonality= "auto", seasonality_reg= 1,

    # 自回归参数,针对 AR-Net 模型
    n_forecasts= 30, n_lags= 60, ar_sparsity= 1,

    # 模型训练参数
    batch_size= 32, epochs= 600, learning_rate= 0.01
)

# 加入季节项
model.add_seasonality('week', 14, 5)

# 加入事件(节假日)
model.add_events(['h'], lower_window= -1, upper_window= 3, regularization= 1)

holiday_history, holiday_feature = build_holidays()

history_df = model.create_df_with_events(train_df, holiday_history)

metrics = model.fit(history_df, freq= "D")

future = model.make_future_dataframe(history_df, holiday_feature, periods= periods, n_
historic_predictions= False)
forecast = model.predict(future)
# 注意,这里如果只采用趋势、季节、事件,预测列为 yhat1;如果采用 AR-Net,预测列为 yhat + 预测
步长
show('hs300_yield_rate', forecast[-periods:]['ds'], test_df['y'], forecast[-periods:]
['yhat30'])
```

执行结果如下,如图 3-16 所示。

```
hs300_yield_rate forecast mae:  0.007654717542330425
```

这里的结果并没有取得突出表现,当然沪深 300 日收益率的自相关性也比较弱。理论上对于具有明显趋势、周期与自相关性的序列,NeuralProphet 的效果应该明显优于 Prophet。

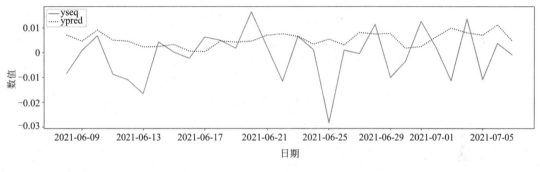

图 3-16

尽管 NeuralProphet 目前还不能称为一个成熟的模型,但它却是目前为止整合时间序列技术一个齐全的工具。通过时间序列分解对趋势项、季节项、节假日(事件)建模;通过时间序列自相关性对自回归建模;通过序列回归分析对滞后回归与未来回归建模。

即使不采用 NeuralProphet,也可以通过模型融合的方式对时间序列进行预测,比如同时训练 ARIMA 模型与线性回归模型,给予二者各 50% 的权重,将模型预测结果通过加权的方式得到时间序列最终的预测值。

第4章

神经网络

前面介绍了很多经典的时间序列预测模型,通过简单的数学原理就可以推理时序的发展变化,且具备可解释性,计算复杂度低,在实际生产中得以广泛应用。

近年来,深度学习得到了迅速发展。2012 年,Hinton 团队设计的 AlexNet 模型获得了 ImageNet 图像识别大赛冠军,图像分类性能碾压了历年夺冠的 SVM 模型;2016 年,DeepMind 团队设计的 AlphaGo 以 4∶1 的总比分击败了世界围棋冠军李世石;2020 年,OpenAI 团队发布了自然语言处理模型 GPT-3,在机器问答、翻译、写作等领域都达到了先进水平。这些模型的背后都采用了深度学习,通过神经网络实现各种功能。

作为时序数据处理的一类方法,神经网络也将发挥更大的作用。本章作为神经网络的入门章节,将介绍神经网络的基本原理,以及常见的网络类型。通过一些实际案例,编写程序训练模型,并介绍一些常见的调优技巧。

首先引出神经网络的基本概念,介绍神经网络的数学模型;然后引入全连接的神经网络(也称为前馈神经网络),它是最早出现的一种神经网络,并详细介绍相关原理,通过一个手写数字识别的案例动手搭建一个全连接神经网络;最后介绍了具有革命性意义的卷积神经网络,通过一个升级版本的图像识别动手搭建一个卷积神经网络。这些内容都是后面讲解时序神经网络的基础。

4.1　人工神经网络

图 4-1 所示的是一个生物学中神经元的大致结构。当受到外界刺激时,电信号会从树突沿着轴突传递到末梢,这些电信号随后从一个神经元传递到另一个神经元,通过神经系统传输到大脑,这就是人体能够感知光、声音、触摸、温度等信号的原因。而大脑本身也主要由神经元构成。

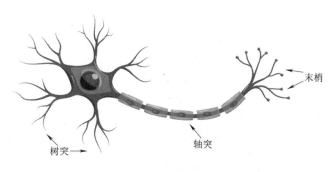

图 4-1

如图 4-2 所示的是在相互连接的神经元中信号传递的路径。当受到外界刺激时,一个神经元的树突会接收来自前面多个神经元的电信号,当多个组合电信号足够强时,就会激活当前神经元,进而使信号继续向后传输;当多个组合电信号较弱时,当前神经元就会抑制信号,阻止信号向后传输。

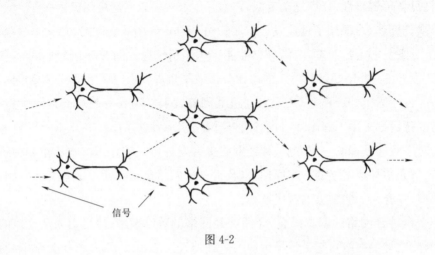

图 4-2

仿照神经元的基本结构,人们设计出了一种神经元的数学模型。如图 4-3 所示,神经元的输入接收三个信号: $x = (x_1, x_2, x_3)$ 。经过简单的线性变换来表达组合信号: $z = w_1 x_1 + w_2 x_2 + w_3 x_3 + b$ 。其中, $w = (w_1, w_2, w_3)$,表示组合信号的权重; b 为常数项(又称为偏置项)。公式可以改写为 $z = w x^{\mathrm{T}} + b$ 。然后采用一个阶跃函数来表达神经元对信号强度的判别: $\mathrm{step}(z) = \begin{cases} 0 & \text{当 } z < 0 \\ 1 & \text{当 } z \geqslant 0 \end{cases}$,这个函数称为神经元的激活函数。

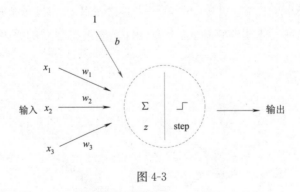

图 4-3

由图 4-3 可以看到,在经过激活函数之前,神经元只能对输入信号进行线性变换。而在大多数情况下,输入信号与输出信号并不是简单的线性关系,通过激活函数就可以表达非线性关系,因此激活函数非常重要。

　　一个简单的人工神经网络就是由有限个神经元的数学模型拼接起来的。如图 4-4 所示,将输入信号称为输入层,输出层有 3 个神经元,每个神经元有一套权重参数、偏置项以及激活函数,对输入信号进行计算,得到对应神经元的输出。这就是一个具有一层网络深度的人工神经网络(输入层是信号,不计入网络层数),一般地,深度神经网络是指神经元的层数大于 5 层的网络。

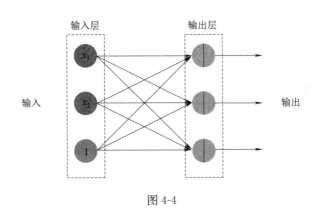

图 4-4

　　网络的层次越深,表达能力就越强。下面来看一个具体的例子,分别实现"与(AND)""或(OR)""异或(XOR)"运算。表 4-1 所示分别列出了三种运算的计算规则。

表 4-1　三种运算的规则

Input		AND Output	OR Output	XOR Output
A	B			
0	0	0	0	0
0	1	0	1	1
1	0	0	1	1
1	1	1	1	0

　　如图 4-5 所示,其中"AND"与"OR"是线性可分的,而"XOR"是线性不可分的。

　　对于"AND"与"OR"运算,采用一层网络就可以实现,但是对于"XOR"运算,就需要两层网络。如图 4-6 所示的是实现三种运算的网络模型,其中"XOR"较为复杂,采用了两层网络实现。这说明更深层的网络结构有助于实现更为复杂的计算逻辑,通常我们都会采用多层网络结构来训练神经网络模型。

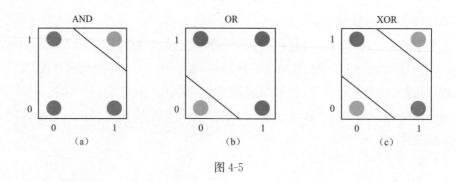

图 4-5

在图 4-6 中,激活函数统一采用了 S(sigmoid)激活函数, $s(x) = \dfrac{1}{1 + \mathrm{e}^{-x}}$,它是神经网络中常见的激活函数之一,输出范围在 $(0,1)$ 。在网络的输出端做一次判决,输出小于 0.5 判决是 0 ,否则判决是 1 。

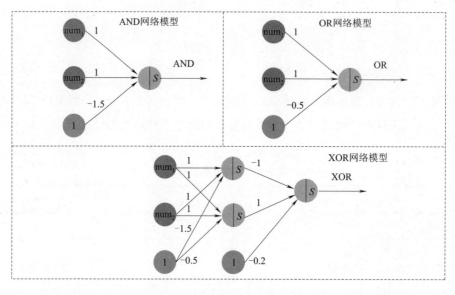

图 4-6

☞ 代码参见:第 **4** 章→**and_or_xor**

```
importnumpy as np


def sigmoid(x):
    return 1 / (1 +np.exp(-x))
```

```python
def judge(v):
    return 0 if v < 0.5 else 1



# AND 计算
def and_function(num1, num2):
    return judge(sigmoid(num1 + num2 - 1.5))



# OR 计算
def or_function(num1, num2):
    return judge(sigmoid(num1 + num2 - 0.5))



# XOR 计算
def xor_function(num1, num2):
    v1 = sigmoid(num1 + num2 - 1.5)
    v2 = sigmoid(num1 + num2 - 0.5)
    return judge(sigmoid(-v1 + v2 - 0.2))



data = [[0, 0], [0, 1], [1, 0], [1, 1]]

for ele in data:
    and_label = and_function(ele[0], ele[1])
    or_label = or_function(ele[0], ele[1])
    xor_label = xor_function(ele[0], ele[1])

print('输入元素:', ele[0], ele[1], '  ', 'and:', and_label,
      '  ', 'or:', or_label, '  ', 'xor:', xor_label)
```

执行结果：

```
        输入元素:0  0        and:0      or:0      xor:0
        输入元素:0  1        and:0      or:1      xor:1
        输入元素:1  0        and:0      or:1      xor:1
        输入元素:1  1        and:1      or:1      xor:0
```

在上面的例子中，根据网络的输出小于或者大于 0.5，判断结果是 0 或者是 1。这其实就是一个二分类问题，比如我们可以把人分为男人和女人两类，也可以分为小孩、大人、老人三类，需要分几类由具体的业务决定，神经网络为分类问题提供了很好的支持。

在多分类问题中，需要使用 SoftMax() 函数，它一般出现在神经网络的输出层。假设有一个 n 维数组 $\{x_1, x_2, \cdots, x_n\}$，元素 x_i 通过 SoftMax() 函数表示为

$$\text{SoftMax}(x_i) = \frac{e^{x_i}}{\sum\limits_{j=1}^{n} e^{x_j}} \tag{4.1}$$

比如将数组 $\{-2, 1, 2\}$ 转换成 SoftMax() 函数，计算过程如图 4-7 所示，数组计算表示为 $\{-2, 1, 2\} \rightarrow \{0.013, 0.265, 0.721\}$，SoftMax() 函数并没有改变输出的维度，只是对输入先做指数变换，将输入值都变为正数，在进行归一化，式（4.1）说明 SoftMax 的输出向量加和等于 1。

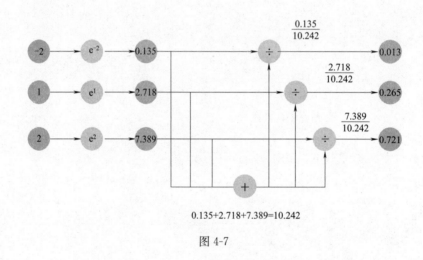

图 4-7

在分类问题中，通常将 SoftMax 作为网络的输出层，取结果向量中的最大值作为分类结果。一个全连接神经网络的结构如图 4-8 所示，输入层是数据，一般不计入网络的层数；中间层又被称为隐藏层，可以有多层；最后是输出层，由一层网络构成，这里后接 SoftMax() 函数实现多分类功能。这是一个两层结构的神经网络。

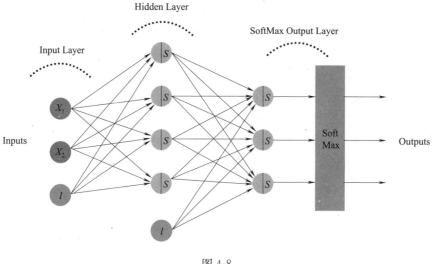

图 4-8

4.2　神经网络的基本原理

　　前面介绍了从生物神经元出发到建立人工神经网络的过程,并且简述了利用人工神经网络解决分类问题的大致方法。但是这里面还有一些问题,神经网络是如何通过输入数据预测输出的? 神经网络中各神经元的权重是如何确定的? 构建一个神经网络需要大量的数据进行训练,网络是如何训练的? 神经网络的激活函数是网络中实现非线性变换的关键,该如何选择激活函数?

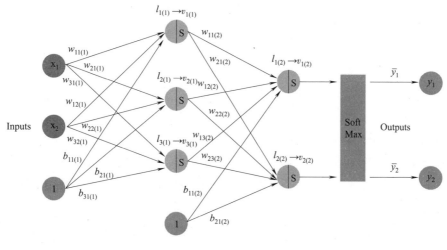

图 4-9

本节的重点就是通过解释这些问题,简述神经网络工作的基本原理。如图 4-9 所示,输入有两个变量 (x_1, x_2),中间经过一层隐藏层,最后经过输出层,通过 SoftMax() 函数得到预测值 $(\bar{y}_1, \bar{y}_2)$,(y_1, y_2) 表示实际值,我们的目标就是让 $(\bar{y}_1, \bar{y}_2)$ 尽可能趋近于 (y_1, y_2)。网络中所有神经元都选取 sigmoid() 函数作为激活函数。

1. 神经网络是如何通过输入数据预测输出的

通过前向传播的方法,将输入映射到输出。

隐藏层:从上到下,

(1)第一个神经元:线性变换得 $l_{1(1)} = w_{11(1)} x_1 + w_{12(1)} x_2 + b_{11(1)}$,

激活函数得 $v_{1(1)} = \dfrac{1}{1 + e^{-l_{1(1)}}}$。

(2)第二个神经元:线性变换得 $l_{2(1)} = w_{21(1)} x_1 + w_{22(1)} x_2 + b_{21(1)}$,

激活函数得 $v_{2(1)} = \dfrac{1}{1 + e^{-l_{2(1)}}}$。

(3)第三个神经元:线性变换得 $l_{3(1)} = w_{31(1)} x_1 + w_{32(1)} x_2 + b_{31(1)}$,

激活函数得 $v_{3(1)} = \dfrac{1}{1 + e^{-l_{3(1)}}}$。

输出层:从上到下,

(1)第一个神经元:线性变换得 $l_{1(2)} = w_{11(2)} v_{1(1)} + w_{12(2)} v_{2(1)} + w_{13(2)} v_{3(1)} + b_{11(2)}$,经过

激活函数得 $v_{1(2)} = \dfrac{1}{1 + e^{-l_{1(2)}}}$。

(2)第二个神经元:线性变换得 $l_{2(2)} = w_{21(2)} v_{1(1)} + w_{22(2)} v_{2(1)} + w_{23(2)} v_{3(1)} + b_{21(2)}$,经过

激活函数得 $v_{2(2)} = \dfrac{1}{1 + e^{-l_{2(2)}}}$。

SoftMax() 函数输出:从上到下,

(1)第一个输出值:$\bar{y}_1 = e^{v_{1(2)}} / (e^{v_{1(2)}} + e^{v_{2(2)}})$。

(2)第二个输出值:$\bar{y}_2 = e^{v_{2(2)}} / (e^{v_{1(2)}} + e^{v_{2(2)}})$。

2. 神经网络中各神经元的权重是如何确定的

如果网络输出值等于实际值,即 $(\bar{y}_1, \bar{y}_2) = (y_1, y_2)$,这是最理想的情况,这样就可以通过输入数据直接预测输出结果了。实际情况是,初始的时候,网络的所有权重参数都是随机生成的,需要通过训练数据不断调整权重参数,使得网络可以正确预测。那么网络是如何通过数据调整这些权重参数的呢?

首先需要定量表示 $(\bar{y}_1, \bar{y}_2)$ 与 (y_1, y_2) 的差距,这就是损失函数,一般在分类问题中常用的损失函数是 $-\log$ 似然损失。对于一个二分类问题,设输入为 x,输出为 y,且 y 的取值只能是 0 或 1。令 $(y_1, y_2) = (1, 0)$ 表示 $y=0$,$(y_1, y_2) = (0, 1)$ 表示 $y=1$。如式(4.2)

所示,定义了 $(\bar{y}_1, \bar{y}_2)$ 与 (y_1, y_2) 的差距,这个数值越大表示差距越小。

$$p(y \mid x) = \bar{y}_1^{y_1} \bar{y}_2^{y_2} \tag{4.2}$$

这样我们就找到了优化的目标。但是优化一个最大值问题并不容易,一般将问题修改为使得 $-p(y \mid x)$ 最小化。进一步整理式(4.2),取对数运算,则

$$-\log p(y \mid x) = -y_1 \log \bar{y}_1 - y_2 \log \bar{y}_2 \tag{4.3}$$

损失函数的形式如式(4.3)所示,它表示了 $(\bar{y}_1, \bar{y}_2)$ 与 (y_1, y_2) 的差距。这就是优化的目标,网络中设定合适的权重参数 w 以及偏置项 b,使得式(4.3)取最小值。

对于 n 分类问题,设输出的类别为 $(y_1, y_2, \cdots, y_n)$,网络预测的概率分别为 $(\bar{y}_1, \bar{y}_2, \cdots, \bar{y}_n)$,则损失函数可以表示为式(4.4),其中 $\sum\limits_{i=1}^{n} \bar{y}_i = 1$,这就是多分类问题的损失函数。

$$-\log p(y \mid x) = \sum_{i=1}^{n} (-y_i \log \bar{y}_i) \tag{4.4}$$

下面根据损失函数来优化网络参数。这里要介绍梯度下降法,先来看一个简单的例子,假设损失函数为 $y = (x-2)^2 + 1$,对 x 求导得 $y' = 2(x-2)$,沿梯度下降的方向更新 x,则 $x - l y' = x - l \times 2(x-2)$,其中 l 表示学习率,取值一般在 $0.001 \sim 0.1$ 之间。假设 x 的初始值为1,学习率 $l = 0.1$,更新第一轮为 $x = 1 \to x = 1 - 0.1 \times 2 \times (1-2) = 1.2$,更新第二轮为 $x = 1.2 \to x = 1.2 - 0.1 \times 2 \times (1.2-2) = 1.36$,如图 4-10 所示,自变量 x 沿梯度方向下降,经过多次迭代,不断逼近 y 的最小值。

这里需要注意,学习率 l 不能过大,比如 $l = 1$,更新第一轮为 $x = 1 \to x = 1 - 1 \times 2 \times (1-2) = 3$,更新第二轮为 $x = 3 \to x = 3 - 1 \times 2 \times (3-2) = 1$,多次迭代也无法逼近最优解。

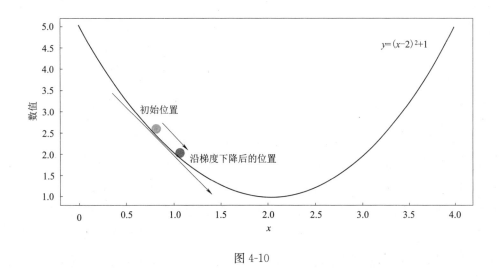

图 4-10

对于网络中的权重参数 w 以及偏置项 b,也是损失函数的自变量。因此可以通过求偏

导数的方法,沿梯度下降的方向优化。设学习率为 l,求导的过程是从输出往输入方向进行的,比如求 $w_{11(2)}$ 的偏导数,由式(4.3)得:

$$\frac{\partial - \log(p)(y|x)}{\partial w_{11(2)}} = \frac{\partial - y_1 \log \overline{y}_1 - y_2 \log \overline{y}_2}{\partial \overline{y}_1} \frac{\partial \overline{y}_1}{\partial v_{1(2)}} \frac{\partial \overline{y}_{1(2)}}{\partial l_{1(2)}} \frac{\partial l_{1(2)}}{\partial w_{11(2)}} +$$

$$\frac{\partial - y_1 \log \overline{y}_1 - y_2 \log \overline{y}_2}{\partial \overline{y}_2} \frac{\partial \overline{y}_1}{\partial v_{1(2)}} \frac{\partial v_{1(2)}}{\partial l_{1(2)}} \frac{\partial l_{1(2)}}{\partial w_{11(2)}}$$

$$= -\frac{y_1}{\overline{y}_1} \frac{e^{v_{1(2)}}(e^{v_{1(2)}} + e^{v_{2(2)}}) - e^{2v_{1(2)}}}{(e^{v_{1(2)}} + e^{v_{2(2)}})^2} \frac{e^{-l_{1(2)}}}{(1+e^{-l_{1(2)}})^2} v_{1(1)} -$$

$$\frac{y_2}{\overline{y}_2} \frac{-e^{v_{1(2)}} e^{v_{2(2)}}}{(e^{v_{1(2)}} + e^{v_{2(2)}})^2} \frac{e^{-l_{1(2)}}}{(1+e^{-l_{1(2)}})^2} v_{1(1)}$$

更新 $w_{11(2)}$:$w_{11(2)} - l \dfrac{\partial - \log p(y \mid x)}{\partial w_{11(2)}}$。再比如求 $w_{11(1)}$ 的偏导数,由式(4.3)得:

$$\frac{\partial - \log p(y|x)}{\partial w_{11(1)}} = \frac{\partial - y_1 \log \overline{y}_1 - y_2 \log \overline{y}_2}{\partial \overline{y}_1} \frac{\partial \overline{y}_1}{\partial v_{1(2)}} \frac{\partial v_{1(2)}}{\partial l_{1(2)}} \frac{\partial l_{1(2)}}{\partial v_{1(1)}} \frac{\partial v_{1(1)}}{\partial l_{1(1)}} \frac{\partial l_{1(1)}}{\partial w_{11(1)}} +$$

$$\frac{\partial - y_1 \log \overline{y}_1 - y_2 \log \overline{y}_2}{\partial \overline{y}_2} \frac{\partial \overline{y}_2}{\partial v_{1(2)}} \frac{\partial v_{1(2)}}{\partial l_{1(2)}} \frac{\partial l_{1(2)}}{\partial v_{1(1)}} \frac{\partial v_{1(1)}}{\partial l_{1(1)}} \frac{\partial l_{1(1)}}{\partial w_{11(1)}}$$

$$= -\frac{y_1}{\overline{y}_1} \frac{e^{v_{1(2)}}(e^{v_{1(2)}} + e^{v_{2(2)}}) - e^{2v_{1(2)}}}{(e^{v_{1(2)}} + e^{v_{2(2)}})^2} \frac{e^{-l_{1(2)}}}{(1+e^{-l_{1(2)}})} w_{11(2)} \frac{e^{-l_{1(1)}}}{(1+e^{-i_{1(1)}})^2} x_1 -$$

$$\frac{y_2}{\overline{y}_2} \frac{-e^{v_{1(2)}} e^{v_{2(2)}}}{(e^{v_{1(2)}} + e^{v_{2(2)}})^2} \frac{e^{-l_{1(2)}}}{(1+e^{-l_{1(2)}})^2} w_{11(2)} \frac{e^{-l_{1(1)}}}{(1+e^{-l_{1(1)}})^2} x_1$$

更新 $w_{11(1)}$:$w_{11(1)} - l \dfrac{\partial - \log p(y \mid x)}{\partial w_{11(1)}}$。

求梯度就是求解偏导数,本质上就是复合函数的链式求导法则。网络更新的过程是从输出向输入方向进行的,因此网络参数更新的过程也称为反向传播。从两个网络参数更新的例子可以看出,对于某一层参数的更新依赖于前一层的结果,从后向前递推,一直到输入层。

3. 神经网络是如何训练的

在上一个问题中,我们引入了反向传播机制,通过设置学习率来控制更新的步长,核心思想就是沿梯度下降的方向更新网络参数。神经网络的训练过程就是不断输入训练数据,先通过前向传播得到输出,与实际值比较得到损失函数,然后通过反向传播更新网络参数,不断循环下去,经过长时间的训练,网络参数就能调节到较优的水平。

如图 4-11 所示,在二维空间中有两类数据,图 4-11(a)表示了网络的训练过程,首先初始化网络参数,此时无法区分两类点,经过第一次拟合,网络已经靠近深灰色点了,经过第二次拟合,网络就能够区分两类点。图 4-11(b)表示训练结果,当空间中有多个样本时,通过不断训练,网络能够拟合出一条曲线来区分两类点。

对于全量训练数据,梯度下降法主要有三种形式:批量梯度下降(batch gradient descent,BGD)、随机梯度下降(stochastic gradient descent,SGD)、小批量梯度下降(mini-batch gradient descent,MBGD)。其中,小批量梯度下降法(MBGD)在神经网络中常用于模型训练。下面分别介绍这三种方法。

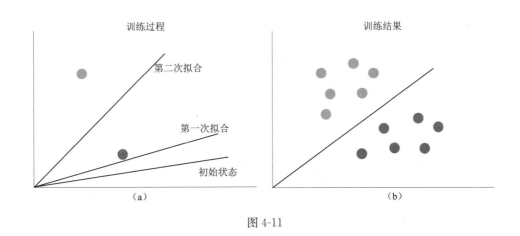

图 4-11

对于一个二分类问题,假设数据量为 n,实际值为 $(y_{1(i)}, y_{2(i)})$,预测值为 $(\bar{y}_{1(i)}, \bar{y}_{2(i)})$。其中,$i \in [1, n]$。

(1)BGD 在每一轮迭代时使用所有训练数据进行训练,每一轮迭代时的损失函数为 $-\log p(y \mid x) = \frac{1}{n}\sum_{i=1}^{n} -y_{1(i)}\log \bar{y}_{1(i)} - y_{2(i)}\log \bar{y}_{2(i)}$,对网络参数求偏导数,就可以进行梯度更新。由全量数据确定的梯度方向能够更好地代表总体,从而更准确地使网络参数朝着极值所在的方向更新;但是在通常情况下数据量很大(GB 甚至 TB 级别),由于算力的限制并不会采用全量数据同时训练,此外,全量数据中可能出现一些样本对参数更新没有太大作用,因此一般不会采用批量梯度下降法。

(2)SGD 在每一轮迭代时只使用一个数据样本进行梯度更新,每一轮迭代时的损失函数为 $-\log p(y \mid x) = -y_{1(i)}\log \bar{y}_{1(i)} - y_{2(i)}\log \bar{y}_{2(i)}$ 。它的好处是每一轮训练速度很快,而且相当于在学习过程中引入了噪声,提升了泛化误差;但是单个样本不能代表全量数据的趋势,实际训练中网络无法收敛,更无法逼近最优解,因此一般不会采用 SGD。

(3)MBGD 结合了 BGD 与 SGD 的优势,在每一轮迭代时从全量数据中随机选取部分样本进行训练(通常一次选取几十到几千个样本),每一轮迭代时的损失函数为 $-\log p(y \mid x) = \frac{1}{m}\sum_{i=1}^{m} -y_{1(i)}\log \bar{y}_{1(i)} - y_{2(i)}\log \bar{y}_{2(i)}$ 。其中,m 表示随机选取样本的数量 $(0 < m < n)$,MBGD 考虑到硬件的性能(一次无法加载全量数据计算,且计算效率太低),同时又保证了网络参数沿着正确的梯度方向优化,这是网络训练中最常用的方法。

MBGD 中的一个关键参数是学习率。在实践中,有必要随着迭代次数的增加逐渐降低学习率。

如图 4-12 所示为三种梯度下降法优化参数的过程。BGD 始终保持正确的方向前进,逐步逼近最优点;SGD 前进的方向非常曲折,且通常无法到达最优点;MBGD 虽然路线稍微曲折,但总体趋势还是沿着最优点方向前进,对于 MBGD,更大的批量会计算更精确的梯度方向,但批量大小需要考虑硬件的性能。

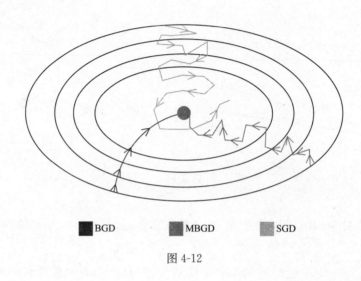

■ BGD   ■ MBGD   ■ SGD

图 4-12

4. 如何选择激活函数

前面说到激活函数是网络实现非线性变换的关键,如果没有激活函数,多层网络由于都采用线性运算,就可以退化为一层线性网络。因为线性层叠加以后还是线性的。下面介绍几种常见的激活函数。

(1)sigmoid()函数。

函数表达式:$\mathrm{sigmoid}(x) = \dfrac{1}{1 + \mathrm{e}^{-x}}$

导数表达式:$\mathrm{sigmoid}(x)' = \mathrm{sigmoid}(x)(1 - \mathrm{sigmoid}(x)) = \dfrac{1}{1 + \mathrm{e}^{-x}}\left(1 - \dfrac{1}{1 + \mathrm{e}^{-x}}\right)$

由图 4-13 所示的原函数与导数的图像可以看到,sigmoid 将输入信号放缩到 (0,1) 之间,它的导数在输入为 0 时取得极大值 0.25,往两侧逐渐趋于 0。

sigmoid 在网络训练中存在很多问题具体如下:

首先由于函数的导数较小,且越往两侧越趋于 0,参照前面反向传播的例子,越往输入层方向,网络参数的更新幅度就越小,这就是梯度消失问题。在一个四层网络中,第四层的更新速度比第一层快 100 倍,在深层网络中会出现最后几层网络的参数被更新,而之前的网络层参数没有被更新。因此 sigmoid 通常用在网络的最后几层,主要针对二分类问题。

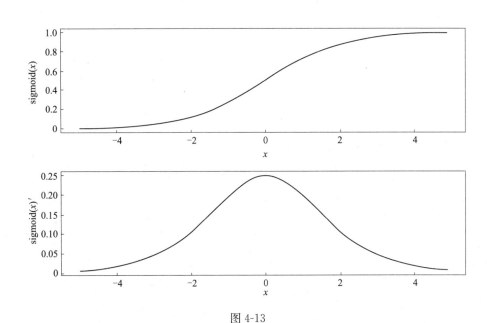

图 4-13

其次,sigmoid 不是关于零中心对称的。考虑只有一层网络的情况,设输入为(x_0,x_1),网络输出表示为 $\bar{y} = \text{sigmoid}(w_0\,x_0 + w_1\,x_1 + b)$,设损失函数为均方误差函数:$l = (y - \bar{y})^2$,利用反向传播更新权重参数 w_0, w_1:

$$w_0 = w_0 - \alpha \frac{\partial l}{\partial \bar{y}} \frac{\partial \bar{y}}{\partial w_0} = w_0 + \alpha^2 (y - \bar{y})\, \text{sigmoid}(w_0 x_0 + w_1 x_1 + b)'\, x_0$$

$$w_1 = w_1 - \alpha \frac{\partial l}{\partial \bar{y}} \frac{\partial \bar{y}}{\partial w_1} = w_1 + \alpha^2 (y - \bar{y})\, \text{sigmoid}(w_0 x_0 + w_1 x_1 + b)'\, x_1$$

可以看到对于更新权重 w_0, w_1,其中 $\alpha^2 (y - \bar{y})\, \text{sigmoid}(w_0 x_0 + w_1 x_1 + b)'$ 项是一致的,决定 w_0, w_1 更新方向是否相同取决于 x_0, x_1。假设一轮更新过程中,$\alpha^2 (y - \bar{y})$ $\text{sigmoid}(w_0 x_0 + w_1 x_1 + b)' > 0$,最优的更新方式是 w_0 减小,w_1 增大,那么就要求 $x_0 < 0$,$x_1 > 0$,而 x_0, x_1 又是前一层网络的输出,采用 sigmoid() 函数的网络层输出一定大于 0,这就无法在一轮更新中同时优化 w_0, w_1。如图 4-14 所示,初始化 $w_0, w_1 \rightarrow w'_0, w'_1$,最优点 $w_0, w_1 \rightarrow w''_0, w''_1$,由于每轮更新中 w_0, w_1 都朝着相同的方向变化,训练结果如箭头方向呈折线逐渐收敛到最优点,收敛速度较慢。

最后,sigmoid 采用指数运算,计算较为复杂。

(2)tanh()函数。

函数表达式:$\tanh(x) = \dfrac{e^x - e^{-x}}{e^x + e^{-x}}$

导数表达式：$\tanh(x)' = 1 - \tanh(x)^2 = 1 - \left(\dfrac{e^x - e^{-x}}{e^x + e^{-x}}\right)^2$

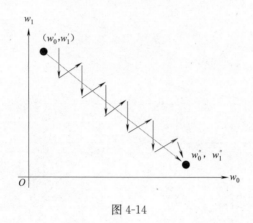

图 4-14

由图 4-15 所示的原函数与导数的图像可以看到，$\tanh()$ 函数将输入信号放缩到 $(-1,1)$ 之间，且它是关于零中心对称的。它的导数在输入为 0 时取得极大值 1，往两侧逐渐趋于 0。

$\tanh()$ 函数解决了 sigmoid 非零中心对称的问题，但是依然存在两侧导数趋近于 0，导致梯度消失的问题，且 $\tanh()$ 函数的指数形式更为复杂，计算量更大。

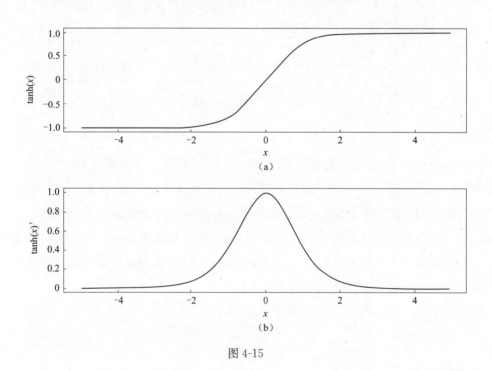

图 4-15

（3）relu()函数。

函数表达式：$\mathrm{relu}(x) = \begin{cases} 0 & \text{当 } x \leqslant 0 \\ x & \text{当 } x > 0 \end{cases}$

导数表达式：$\mathrm{relu}(x)' = \begin{cases} 0 & \text{当 } x < 0 \\ 1 & \text{当 } x > 0 \end{cases}$

由图 4-16 所示的原函数与导数的图像可以看到，relu()函数是一个分段函数，连续但不平滑，导数在 $x = 0$ 处无定义。relu()函数具有单侧抑制性，当输入信号小于 0 时，神经元将被抑制；当输入信号大于 0 时，神经元将被激活，且相比于 sigmoid、tanh，relu 具有更宽的激活边界。

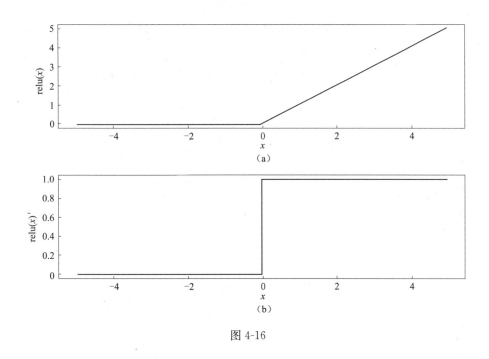

图 4-16

relu()函数的单侧抑制性表明当多个输入信号进入到网络时，只有部分神经元被激活，这种特性被称为稀疏激活性，它符合人体神经元的运作方式（通常人体的神经元只有在较强信号时才会被激活）。

相比于 sigmoid()函数、tanh()函数，relu()函数的计算方式非常简单，有实验表明它比前者快 6 倍，它是目前使用最多的激活函数。

relu()函数也有一个明显的问题，假设对于任意的一组输入信号，经过网络参数计算后的输出小于或等于 0，此时经过 relu()函数将出现左侧梯度一直为 0 的情况，即网络参数将永远不会被更新，这种现象被称为 dead relu。

为了防止出现 dead relu 现象，首先需要正确初始化权重参数，一般采用高斯分布来初始化,如果初始化权重都为 0,那么必然出现 dead relu 现象;其次学习率不能设置太大,因为 relu()函数也不是关于零中心对称的,即经过第一层网络的输出信号都大于或等于 0,一般初始化的权重比较小,如果第二层网络对权重的更新太大,可能导致第二层网络中大部分权重小于或等于 0,这样经过第二层网络将出现 dead relu 现象。

(4)leaky relu()函数。为了解决 dead relu 现象,后面又提出了很多 relu()函数的变种,leaky relu()就是一个典型的例子。

函数表达式:$\text{leaky relu}(x) = \begin{cases} \alpha x & \text{当 } x \leqslant 0, \\ x & \text{当 } x > 0 \end{cases}$

导数表达式:$\text{leaky relu}(x)' = \begin{cases} \alpha & \text{当 } x < 0 \\ 1 & \text{当 } x > 0 \end{cases}$

如图 4-17 所示为原函数与导数的图像,这里 $\alpha = 0.2$。可以看到 leaky relu()函数也是一个分段函数,连续但不平滑,导数在 $x = 0$ 处无定义。这一点改动使得函数左侧也有了梯度,α 的值可以自由指定,通常设定为一个很小的值。尽管如此,实际使用中 relu 还是最常用的激活函数。

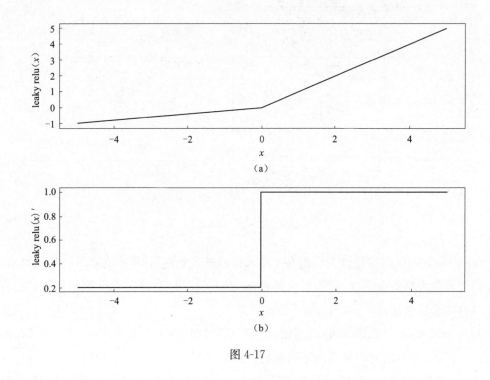

图 4-17

(5)maxout()函数。

与前面介绍的激活函数不同,maxout()函数增加了一层网络,可以把 maxout()函数看作网络的激活函数层。如图 4-18 所示,这是一个带有 maxout()函数的网络结构,网络的前一层记为 Layer 1，输入向量为 x，网络的后一层记为 Layer 2。maxout 相当于增加了一层网络，这里显示了三个神经元的情况，经过线性变换得：$z_1 = w_1 x + b_1$，$z_2 = w_2 x + b_2$，$z_3 = w_3 x + b_3$，maxout() 函数的输出记为 y，$y = \max(z_1, z_2, z_3)$。注意，这里的 y 是 maxout() 函数的输出，也即 Layer 2 的输入。maxout() 函数的计算过程可以总结为对输入信号做线性变换得到 maxout 层每个神经元的值，取其中最大值作为输出。

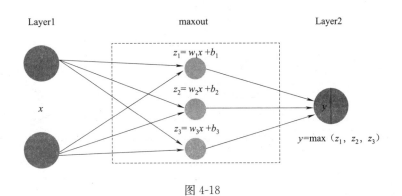

图 4-18

maxout 不是一个固定的函数，它是一个可学习的激活函数，它的权重参数也通过网络训练不断更新，最终结果是一个分段函数的形式。图 4-19 所示的是一个分段函数的例子，分别表示原函数与导数的图像。任何一个凸函数，都可以由线性分段函数逼近，其实前面提到的 relu、leaky relu 都是线性分段函数。maxout 的拟合能力非常强。

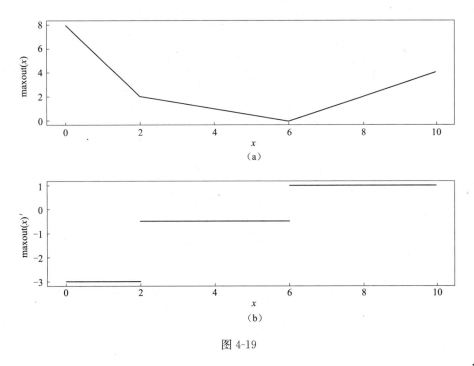

图 4-19

如果 maxout 层的神经元数量足够多,它可以拟合任意的凸函数,本质上就是一个函数逼近器,前面介绍的激活函数都可以看作 maxout 的特例。

然而它的问题也是显而易见的,网络中神经元数量成倍地增加,将导致计算资源过度消耗,因此如果前面介绍的激活函数能够解决问题,尽量不要用 maxout()函数。

4.3 神经网络实战

正如一门编程语言的入门案例是 Hello World,深度学习的入门案例是手写数字识别。mnist 数据集是一个 tensorflow 自带的手写体数据集,它包含 0~9 共 10 个数字的不同手写体图像。数据集分为四个部分,训练图片集、训练标签集、测试图片集、测试标签集,其中训练集包含 60 000 个样本,测试集包含 10 000 个样本,图片集中每一张图片都是 28×28 的灰度图片,标签集中每一个标签都是 0~9 之间的一个数字,数据集以二进制文件的方式存储。

先来认识一下数据集,通过 tensorflow 的 api 下载数据并且挑选部分图片进行显示。

☞ 代码参见:第 4 章→image_show

```python
try:
    import tensorflow.python.keras as keras

except:
    import tensorflow.keras as keras

import cv2
import random
import numpy as np

# 数据下载,区分训练集和测试集
# x_train, y_train 分别表示训练集的手写数字与对应标签编号
# x_test, y_test 分别表示测试集的手写数字与对应标签编号
(x_train, y_train), (x_test, y_test) = keras.datasets.mnist.load_data()

# 打印数据的维度
print('x_train:', x_train.shape, '  y_train:', y_train.shape)
```

```
print('x_test:', x_test.shape, ' y_test:', y_test.shape)

# 采样部分训练集的手写数字图片显示
row, col =10, 16
sample_num =row * col
sample_list =[i for i in range(x_train.shape[0])]
sample_list =random.sample(sample_list, sample_num)
samples =x_train[sample_list, :]

BigIm =np.zeros((28 *row, 28 *col))
for i in range(row):
    for j in range(col):
        BigIm[28 *i:28 * (i + 1), 28 *j:28 * (j + 1)] = samples[i *col + j]

cv2.imshow("mnist samples", BigIm)
cv2.waitKey(0)
```

执行结果如图 4-20 所示。

图 4-20

下面我们将训练一个神经网络模型，能够自动识别手写数字图像。模型训练的过程如图 4-21 所示，首先是图像处理，这里采用一个全连接的神经网络，它要求输入一个向量，这里先把 28×28 的图像转换成 1×784 的一行数据，且要求输入数据必须归一化，这里需要除以 255 以将图像数据映射到[0,1]。其次是标签处理,神经网络的输出经过softmax()函数,将 0～9 的数字标签映射成 10 维向量,这里采用 one－hot 编码,比如标签 0 →[1,0,0,0,0,0,0,0,0,0], 1→[0,1,0,0,0,0,0,0,0,0], 2→[0,0,1,0,0,0,0,0,0,0]等,依此类推,图中给出了标签 7 的 one-hot 编码。经过这两步就把图像以及对应的标签转化为网络要求的数据形式,训练采用小批量梯度下降法,一次训练选用 64 个样本。最后是模型训练,这里构造了一个四层网络,输入一个 1×784 维的图像向量,第一层网络有 512 个神经元,从输入到第一层网络采用线性运算,没有激活函数;第二层网络有 128 个神经元,从第一层网络到第二层网络,先经过线性运算,再通过 relu 激活函数;依此类推到第三层网络 32 个神经元,第四层网络10 个神经元,第四层网络采用 softmax()函数作为网络的输出。

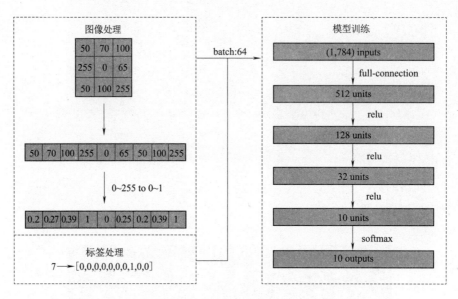

图 4-21

☞ **代码参见:第 4 章→fcnn**(具体内容参见代码资源)

部分执行结果如图 4-22 所示。

从执行结果来看,模型效果还是不错的。注意,模型效果要看在测试集上的表现,它表示了模型的泛化能力。

神经网络具有极强的数据拟合能力,一般在训练集上的表现都比较好,通常我们更关注在测试集上的表现,它更能反应模型在应对未来未知数据的表现。如果一个模型在训练集上表现很好,但是在测试集上表现很差,就认为模型出现了过拟合问题,这样的模型没有价值，业界有一个通俗的说法是"防火、防盗、防过拟合"，可见问题的重要性，关于解决过拟合问题的方法将在后面章节讨论。

```
epoch:8,step:0,loss:0.0035826967,acc:1.0
epoch:8,step:200,loss:0.025177127,acc:0.984375
epoch:8,step:400,loss:0.04842256,acc:0.984375
epoch:8,step:600,loss:0.0029674175,acc:1.0
epoch:8,step:800,loss:0.048895,acc:0.984375
epoch:9,step:0,loss:0.0026309341,acc:1.0
epoch:9,step:200,loss:0.03371141,acc:0.96875
epoch:9,step:400,loss:0.01518189,acc:0.984375
epoch:9,step:600,loss:0.04542137,acc:0.984375
epoch:9,step:800,loss:0.0028273195,acc:1.0
--------------------------------------------------

test acc:0.9764
```

图 4-22

如果多次执行上面的代码，还会发现每次执行的结果都不一样，但是差异性比较小。这又是神经网络的另一个问题，由于神经网络的参数是随机产生的，需要经过多轮训练才达到一个比较好的效果。如图 4-23 所示，这就好比一个人站在山上，要往下走，因为初始点位置不同，导致向下运动的路径不同。

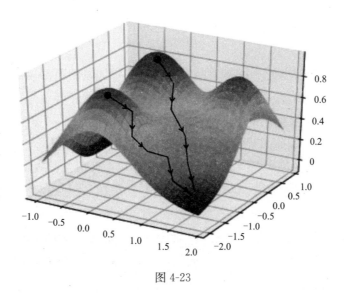

图 4-23

当然,也并不是每一次都能正确到达山下。如图 4-24 所示,先看图 4-24(a),如果按照正常的步长,能够达到的最低点只是一个局部最低点,那么加大步长就可以到达全局最低点了;但是问题又来了,如果加大步长还有可能跨过全局最低点,因此实际中步长必须小一点;再看图 4-24(b),由于初始化的位置更好,较小的步长也可以达到全局最低点。

在神经网络中,控制步长的方法就是调节学习率,一般学习率设置为 0.001~0.01 就是希望训练过程中步长小一点,图 4-24 所示的全局最低点可以看作网络参数的全局最优解,为了得到最优解,通常需要多次初始化网络参数,在多次训练结果中取一个最好的模型。

再来回顾一下神经网络的结构,网络的中间层都在进行特征提取任务,只有到了输出层才实现分类功能。每次的训练过程也可以看作网络通过调节权重参数从而调节特征提取的策略,它不需要我们手动输入特征,而是自动进行特征提取。

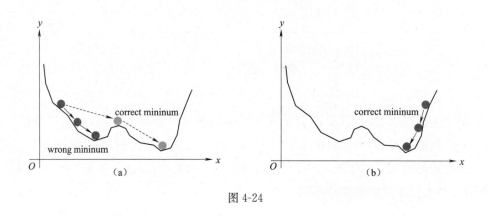

图 4-24

4.4 卷积神经网络(CNN)

对于图像这类矩阵型数据,或是时间序列这类一维向量型数据,数据点之间都是有序的。而全连接的神经网络在进行特征提取时并没有考虑到顺序问题(简单的线性回归+激活函数),针对这类有序数据,有没有更好的特征提取方法呢?

2012 年,Hinton 带领的团队在 ImageNet 图像识别大赛中一举夺冠,其中 top-5 的错误率降低到 15.3%,远低于第二名的 26.2%,这是一件在图像识别领域具有里程碑意义的事件。如今在人脸识别、智能驾驶、视频检测中都有广泛应用,这一技术的核心就是卷积神经网络(convolutional neural networks,CNN)。

图 4-25 所示的是两张手写数字识别"7"的图片,很明显,这两张图像不一样,但是又具有局部相似性,分别用黑色圈出了三处相同的地方,这就是共性特征,计算机正是通过捕捉这些特征来识别图像的。

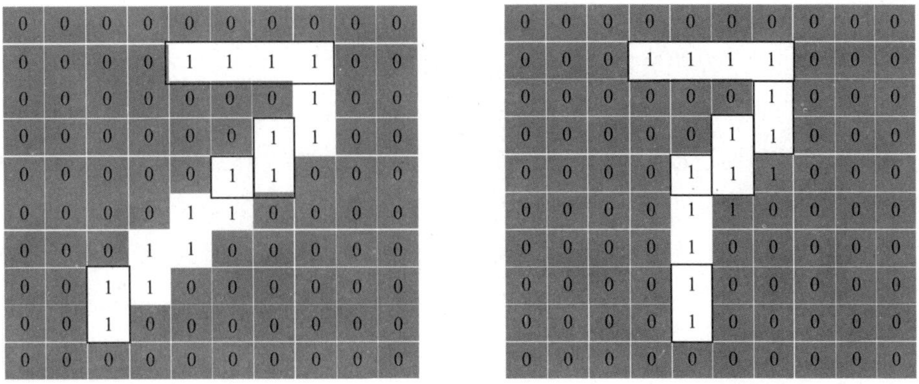

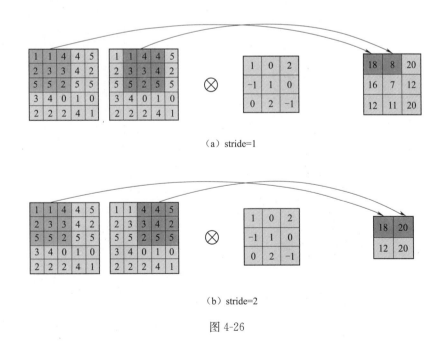

图 4-25

如何捕捉这些特征呢？一张图像的像素点之间天然具有明显的相邻关系,比如一张天空图像的某个像素点是蓝色,与它相邻的像素点大概率也是蓝色,对于图像的特征提取就可以采用分窗口的方法;此外,对于同一标签下多张不同的图像,它们也应该具有局部相似性,这样我们就可以通过窗口提取的特征进行比对,特征相似的窗口越多,属于同一标签的概率就越大。CNN 就是采用分窗口的方法来提取特征。

如图 4-26 所示,从左向右,左边两张图表示原图像经过卷积运算的过程,靠近乘号右侧的矩阵表示卷积核,最右侧表示原图像经过卷积运算的结果。可以看到卷积运算的过程就是卷积核依次与原图像的滑动窗口对应相乘。对于 stride=1 的过程,乘号最左侧滑动窗口的阴影区域与卷积核相乘得：

（a）stride=1

（b）stride=2

图 4-26

$1×1+1×0+4×2+2×(-1)+3×1+3×0+5×0+5×2+2×(-1)=18$；

接下来是靠近乘号左侧窗口的阴影区域与卷积核相乘得：

$1×1+4×0+4×2+3×(-1)+3×1+4×0+5×0+2×2+5×(-1)=8$，

窗口依次滑动与卷积核相乘得到结果图像。

这里 stride 表示滑动步长，stride＝1 表示窗口按照一个步长滑动，也可以设置更大的滑动步长，由图 4-26 所示的 stride＝1、stride＝2 的计算过程可以看到，滑动步长影响结果图像的尺寸。

卷积运算就是通过卷积核对图像局部区域依次进行乘法运算，从而提取特征。卷积核的本质就是图像的特征提取器，因此一般需要多个卷积核，以提取图像的不同特征。图 4-26 中的卷积核的尺寸是 3×3，常用的卷积核尺寸有 2×2、3×3、5×5 等。

对于图像特征提取，经过卷积运算后，一般还需要进行池化运算。池化运算是对来自上一层的特征图像进行下采样，并且生成具有简化分辨率的新的特征图像，它能够极大减小图像的尺寸。池化操作主要有两个目的，首先能够减少网络参数的数量，降低计算成本，其次能够有效控制网络的过拟合问题。

理想的池化运算应该尽量提取有效特征，丢弃无关细节。常见的池化运算方法有平均池化（average pooling）与最大池化（max pooling）。图 4-27 所示的是两种池化方法的计算过程。

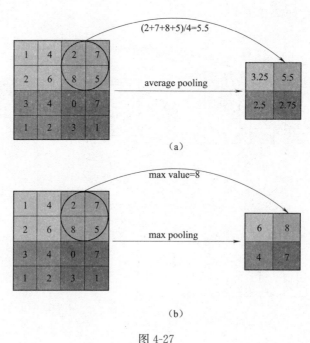

图 4-27

平均池化法就是将图像窗口中所有点的值求平均；最大池化法就是求图像窗口中所有点的最大值。最大池化法计算量小，且能够提取到图像中较为突出的点，一般采用最大池化法。与卷积核类似，池化层也需要定义窗口的大小以及滑动的步长。图 4-27 所示中采用了 2×2 的池化窗口，滑动步长为 2。

根据卷积神经网络构建的图像分类模型过程，首先输入图像数据（data）；中间采用两个 2×2 的卷积核（kernel）进行特征提取，滑动步长为 1，然后得到两个卷积运算后的特征图像，经过 relu() 激活函数，滤掉特征图像中小于零的数据，再经过池化层进一步提取特征，这里采用 Max Pooling 2×2 的池化窗口，滑动步长为 1；输出先将两个特征图像展平，接入全连接层，再经过 SoftMax 输出结果。

相比于直接采用全连接的神经网络模型，卷积神经网络主要是在特征提取阶段不同，它通过卷积层、池化层以矩阵运算的方式提取特征，然后将特征展平接入全连接网络，最后判决器同样采用 SoftMax。

从输入数据（data）到模型输出（$\bar{y}_1$，$\bar{y}_2$）的计算过程如下：

经过卷积层、池化层，展平后，flatten 层节点数据为

$$y_{22(1)} = w_{1(1)}\,x_{22} + w_{2(1)}\,x_{23} + w_{3(1)}\,x_{32} + w_{4(1)}\,x_{33}$$

$$y_{13(1)} = w_{1(1)}\,x_{13} + w_{2(1)}\,x_{14} + w_{3(1)}\,x_{23} + w_{4(1)}\,x_{24}$$

$$y_{31(1)} = w_{1(1)}\,x_{31} + w_{2(1)}\,x_{32} + w_{3(1)}\,x_{41} + w_{4(1)}\,x_{42}$$

$$y_{22(1)} = w_{1(1)}\,x_{22} + w_{2(1)}\,x_{23} + w_{3(1)}\,x_{32} + w_{4(1)}\,x_{33}$$

$$y_{12(2)} = w_{1(2)}\,x_{12} + w_{2(2)}\,x_{13} + w_{3(2)}\,x_{22} + w_{4(2)}\,x_{23}$$

$$y_{12(2)} = w_{1(2)}\,x_{12} + w_{2(2)}\,x_{13} + w_{3(2)}\,x_{22} + w_{4(2)}\,x_{23}$$

$$y_{21(2)} = w_{1(2)}\,x_{21} + w_{2(2)}\,x_{22} + w_{3(2)}\,x_{31} + w_{4(2)}\,x_{32}$$

$$y_{33(2)} = w_{1(2)}\,x_{33} + w_{2(2)}\,x_{34} + w_{3(2)}\,x_{43} + w_{4(2)}\,x_{44}$$

经过全连接层，节点数据为

$$v_1 = w_{11}\,y_{22(1)} + w_{12}\,y_{13(1)} + w_{13}\,y_{31(1)} + w_{14}\,y_{22(1)} +$$
$$w_{15}\,y_{12(2)} + w_{16}\,y_{12(2)} + w_{17}\,y_{21(2)} + w_{18}\,y_{33(2)}$$

$$v_2 = w_{21}\,y_{22(1)} + w_{22}\,y_{13(1)} + w_{23}\,y_{31(1)} + w_{24}\,y_{22(1)} +$$
$$w_{25}\,y_{12(2)} + w_{26}\,y_{12(2)} + w_{27}\,y_{21(2)} + w_{28}\,y_{33(2)}$$

经过 SoftMax，模型输出为

$$\bar{y}_1 = \frac{e^{v_1}}{e^{v_1} + e^{v_2}} \qquad \bar{y}_2 = \frac{e^{v_2}}{e^{v_1} + e^{v_2}}$$

下面介绍模型参数更新的过程，在卷积神经网络中，池化层是固定的，需要更新的网络参数包括卷积核与全连接层的参数。设学习率为 l，损失函数定义为

$$-\log p(y \mid x) = -y_1 \log \bar{y}_1 - y_2 \log \bar{y}_2$$

全连接层参数 w_{11} 的更新过程为

$$w_{11}:w_{11}-l\frac{\partial-\log p(y|x)}{\partial w_{11}}=w_{11}-l\left(\frac{\partial-\log p(y|x)}{\partial \bar{y}_1}\frac{\partial \bar{y}_1}{\partial v_1}\frac{\partial v_1}{\partial w_{11}}+\frac{\partial-\log p(y|x)}{\partial \bar{y}_2}\frac{\partial \bar{y}_2}{\partial v_1}\frac{\partial v_1}{\partial w_{11}}\right)$$

卷积核参数 $w_{1(1)}$ 的更新过程为

$$w_{1(1)}:w_{1(1)}-l\frac{\partial-\log p(y\mid x)}{\partial w_{1(1)}}$$

其中，$\dfrac{\partial-\log p(y\mid x)}{\partial w_{1(1)}}=\left[\dfrac{\partial-\log p(y\mid x)}{\partial \bar{y}_1}\left(\dfrac{\partial \bar{y}_1}{\partial v_1}\dfrac{\partial v_1}{\partial w_{1(1)}}+\dfrac{\partial \bar{y}_1}{\partial v_2}\dfrac{\partial v_2}{\partial w_{1(1)}}\right)+\right.$

$$\left.\frac{\partial-\log p(y\mid x)}{\partial \bar{y}_2}\left(\frac{\partial \bar{y}_2}{\partial v_1}\frac{\partial v_1}{\partial w_{1(1)}}+\frac{\partial \bar{y}_2}{\partial v_2}\frac{\partial v_2}{\partial w_{1(1)}}\right)\right]$$

$$\frac{\partial v_1}{\partial w_{1(1)}}=\frac{\partial v_1}{\partial y_{22(1)}}\frac{\partial y_{22(1)}}{\partial w_{1(1)}}+\frac{\partial v_1}{\partial y_{13(1)}}\frac{\partial y_{13(1)}}{\partial w_{1(1)}}+\frac{\partial v_1}{\partial y_{31(1)}}\frac{\partial y_{31(1)}}{\partial w_{1(1)}}+\frac{\partial v_1}{\partial y_{22(1)}}\frac{\partial y_{22(1)}}{\partial w_{1(1)}}$$

$$\frac{\partial v_2}{\partial w_{1(1)}}=\frac{\partial v_2}{\partial y_{22(1)}}\frac{\partial y_{22(1)}}{\partial w_{1(1)}}+\frac{\partial v_2}{\partial y_{13(1)}}\frac{\partial y_{13(1)}}{\partial w_{1(1)}}+\frac{\partial v_2}{\partial y_{31(1)}}\frac{\partial y_{31(1)}}{\partial w_{1(1)}}+\frac{\partial v_2}{\partial y_{22(1)}}\frac{\partial y_{22(1)}}{\partial w_{1(1)}}$$

这就是卷积神经网络参数的更新过程。

再来回顾一下卷积的计算过程，局部连接与参数共享是卷积运算最重要的两个性质。如图 4-28 所示，假设一张图片的尺寸是 $1\ 000\times1\ 000$，后一层网络有 10 000 个神经元。那么采用全连接的方式，每个神经元需要连接图片中的所有点，网络参数的数量为 $1\ 000\times1\ 000\times10\ 000=10^{10}$；采用局部连接的方式，每个神经元只需要连接图片中 10×10 的一块区域，网络参数的数量为 $10\times10\times10\ 000=10^6$，相比于全连接的方式降低了 4 个数量级；采用"局部连接＋参数共享"的方式，每个神经元只需要连接图片中 10×10 的一块区域，并且设置每个神经元连接图片的网络参数相同，那么网络参数的数量为 $10\times10=10^2$，相比于全连接的方式降低了 8 个数量级。这两个性质极大地降低了卷积运算的计算量。

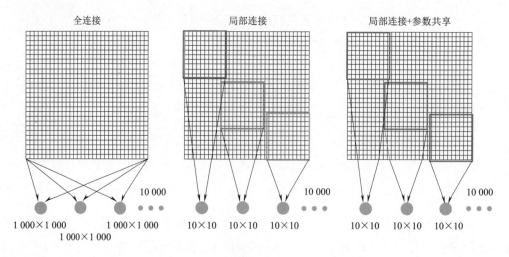

图 4-28

观察图像分类模型过程的另一个细节,原始图像尺寸为 4×4,经过卷积运算尺寸变为 3×3,再经过池化窗口尺寸变为 2×2,特征图像的尺寸逐渐减小。如果希望特征图像与原始图像尺寸相同,可以通过补"0"的方式扩大原始图像尺寸。如图 4-29 所示,在 5×5 的原始图像周围补一圈"0",这一过程称为 zero padding,得到 7×7 的 padding 图像,经过 3×3 的卷积核(步长为 1),得到 5×5 的特征图像。

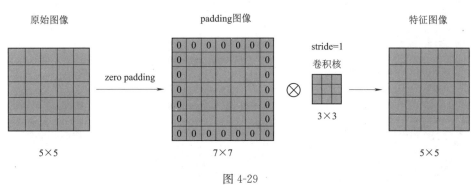

图 4-29

前面介绍了一张特征图像经过多个卷积核计算的过程,它是 1 对 n 的关系。在实际中,经常会出现 m 对 n 的关系,比如一张彩色图像是 3 个通道,经过 5 个卷积核,再比如经过多层卷积运算。

如图 4-30 所示,输入的是 3 张特征图像,输出的是 2 张特征图像。中间经过两个卷积核,每个卷积核对应输入的 3 张特征图像,称为每个卷积核的通道数为 3,每个通道对应一套参数,一套参数对应输入的一张特征图像。经过每个卷积核都会得到 3 张特征图像,将这 3 张特征图像对应相加,得到该卷积核提取的输出特征图像。注意,同一卷积核对应不同通道上的卷积核参数是不一样的。这就是 m 对 n 关系的卷积运算过程。

下面介绍一个 CNN 的例子。Fashion MNIST(服饰数据集)的作用是经典 MNIST 数据集的简易替换,它包含各种服饰的图像共 10 个类别,两者的图像格式及大小都相同。Fashion MNIST 比常规 MNIST 手写数据更具挑战性(Fashion MNIST 识别难度较大)。

图 4-31 所示的是 Fashion MNIST 数据集部分样例,它包含 T 恤、裤子、套头衫、连衣裙、外套、凉鞋、衬衫、运动鞋、包、靴子共 10 个类别。数据集展示的代码参见 MNSIT 数据集展示部分。

下面搭建一个 CNN 模型。如图 4-32 所示,输入一张 28×28 的图像,第一层网络采用 64 个 3×3 的卷积核,滑动步长为 1,激活函数为 relu,得到 64 张 26×26 的特征图像,经过 Max Pooling,滑动步长为 2,得到 64 张 13×13 的特征图像;第二层网络采用 32 个 3×3 的卷积核,滑动步长为 1,激活函数为 relu,得到 32 张 11×11 的特征图像,经过 Max Pooling,滑动步长为 2,得到 32 张 5×5 的特征图像;第三层网络将特征图像展平;第四层网络采用

128 个神经元；第五层网络采用 10 个神经元，通过 SoftMax() 函数输出分类结果。

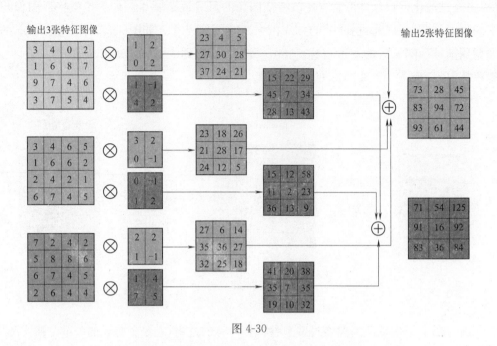

图 4-30

图 4-31

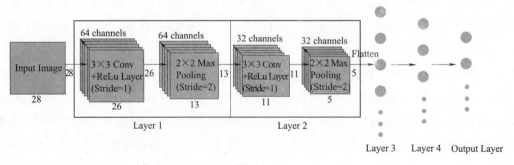

图 4-32

依次统计模型中网络参数的数量。池化层不包含神经元,因此两层池化层参数的数量为 0。第一层卷积层包含 64 个 3×3 的卷积核,每个卷积核默认添加一个偏置项,所以第一层卷积层的参数数量为 $64×(3×3+1)=640$;第二层卷积层包含 32 个 3×3 的卷积核,每个卷积核默认添加一个偏置项,且需要连接第一层的 64 个特征图像,所以第二层卷积层的参数数量为 $32×(64×3×3+1)=18\,464$;第三层展平层默认添加一个偏置项,有 $32×5×5+1=801$ 个神经元,第四层全连接层有 128 个神经元,所以三四层之间参数数量为 $801×128=102\,528$;第四层默认添加一个偏置项,第五层输出层有 10 个神经元,因此四五层之间参数数量为 $(128+1)×10=1\,290$。

☞ **代码参见:第 4 章→cnn**(具体内容参见代码资源)

网络结构信息如图 4-33 所示。

Layer (type)	Output Shape	Param #
conv2d1 (Conv2D)	multiple	640
max_ pooling1 (MaxPooling2D)	multiple	0
conv2d2 (Conv2D)	multiple	18464
max_ pooling2 (MaxPooling2D)	multiple	0
flatten(Flatten)	multiple	0
dense1(Dense)	multiple	102528
dense2(Dense)	multiple	1290

Total params: 122, 922
Trainable params: 122,922
Non-trainable params: 0

图 4-33

部分执行结果如图 4-34 所示。

代码中回调函数部分设置了 Tensorboard,用于采集训练过程中的数据,可视化训练结果。打开命令行,输入命令"tensorboard-logdir=. /logs",启动 Tensorboard。

打开网页,单击 SCALARS,弹出训练集、验证集的准确率与损失函数曲线,如图 4-35 所示。由图可知,在损失函数中,开始训练集与验证集误差都逐渐降低,之后训练集误差继续降低,而验证集误差逐渐增大,此时可认为模型出现了过拟合。代码中可以通过修改 min_delta、patience 控制模型训练提前终止,降低过拟合风险。

点击 HISTOGRAMS,弹出各层网络参数的取值分布,如图 4-36 所示。kernel 表示权重参数,bias 表示偏置项。在每张图中,横轴表示参数取值,纵轴表示取值的数量,右侧数值表示模型训练迭代的次数。由图 4-36 所示可以看到，随着训练次数的增加，模型参数的取值范围逐渐增大。

  Tensorboard 为模型训练提供了可视化界面，能够有效地展示模型训练过程中的细节，对于理解模型训练过程、模型调优有重要作用。

```
Epoch 16/25
48000/48000 [==============================] - 27s 556us/sample - loss: 0.1057 - accuracy: 0.9603 - val_loss: 0.2978 - val_accuracy:0. 9109
Epoch 17/25
48000/48000 [==============================] - 29s 604us/sample - loss: 0.0967 - accuracy: 0.9637 - val_loss: 0.3036 - val_accuracy:0.9072
Epoch 18/25
48000/48000 [==============================] - 30s 628us/sample - loss: 0.0887 - accuracy: 0.9664 - val_loss: 0.3307 - val_accuracy;0.9101
Epoch 19/25
48000/48000 [==============================] - 29s 613us/sample - loss: 0.0816 - accuracy: 0.9696 - val_loss: 0.3487 - val_accuracy:0.9078
Epoch 20/25
48000/48000 [==============================] - 29s 613us/sample - loss: 0.0751 - accuracy: 0.9715 - val_loss: 0.3476 - val_accuracy:0.9038
Epoch 21/25
48000/48000 [==============================] - 29s 607us/sample - loss: 0.0693 - accuracy: 0.9739 - val_loss: 0.3375 - val_accuracy:0.9108
Epoch 22/25
48000/48000 [==============================] - 29s 596us/sample - loss: 0.0659 - accuracy: 0.9753 - val_loss: 0.3642 - val_accuracy:0.9118
Epoch 23/25
48000/48000 [==============================] - 31s 639us/sample - loss: 0.0553 - accuracy: 0.9795 - val_loss: 0.3741 - val_accuracy:0.9100
Epoch 24/25
48000/48000 [==============================] - 31s 640us/sample - loss: 0.0532 - accuracy: 0.9802 - val_loss: 0.4162 - val_accuracy:0.9076
Epoch 25/25
48000/48000 [==============================] - 29s 607us/sample - loss: 0.0488 - accuracy: 0.9821 - val_loss: 0.4167 - val_accuracy:0.9111
test loss: 0.4548423463717103
test acc: 0. 9093
```

图 4-34

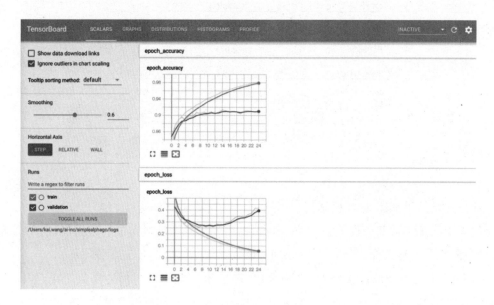

图 4-35

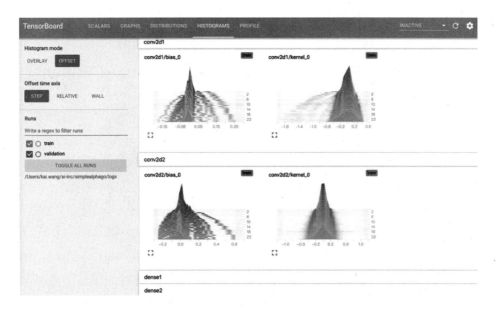

图 4-36

第5章
RNN应用于时间序列

在第 4 章，我们介绍了深度学习相关知识，重点介绍了全连接的神经网络（FCNN）与卷积神经网络（CNN），它们是深度学习的基础。但是 FCNN、CNN 都没有考虑时间序列前后之间的关系，因此无法直接应用于时间序列建模。

本章重点讨论一种能够应用于时间序列的神经网络模型，循环神经网络（recurrent neural network，RNN）。RNN 是最早提出的一种具有时序记忆的神经网络，用于解决自然语言处理（natural language processing，NLP）中语序的问题，因此也可以用于解决时间序列问题。

但是 RNN 的理论模型存在一定的问题，在实际中广泛使用的是 RNN 的两种改进模型：一种是 LSTM（long short term memory）模型，另一种是 GRU（gate recurrent unit）模型，它们的区别在于门计算略有差别。本章的实战部分将分别采用 LSTM 与 GRU 对时间序列建模。

5.1　循环神经网络（RNN）

全连接的神经网络（FCNN）没有考虑时序的概念，上一层神经元的输出全部传递给下一层神经元，因此无法直接对时间序列建模。在循环神经网络中，神经元输出一个隐藏层状态，并且在下一时刻传递给自身，它可以看作是带自循环反馈的全连接神经网络。

经典的 RNN 模型结构如图 5-1 所示，左边表示一个 RNN 结构的神经网络，本质上是一个全连接的神经网络。右侧将网络按照时间维度展开，分别为 $t-1,t,t+1$ 三个时刻，对应的输入分别为 x_{t-1},x_t,x_{t+1}。从 $t-1$ 时刻作为起始时刻，输出隐藏层状态 $S_{t-1}=\phi(Ux_{t-1}+b)$（其中，ϕ 表示激活函数；U 表示权重参数；b 表示偏置项），同时输出预测值 $O_{t-1}=\sigma(VS_{t-1}+c)$（其中，$\sigma$ 表示激活函数；V 表示权重参数；c 表示偏置项）；t 时刻，接收 $t-1$ 时刻的隐藏层状态 S_{t-1}，结合当前时刻输入 x_t，输出隐藏层状态 $S_t=\phi(Ux_t+WS_{t-1}+b)$，同时输出预测值 $O_t=\sigma(VS_t+c)$；$t+1$ 时刻，接收 t 时刻的隐藏层状态 S_t，结合当前时刻输入 x_{t+1}，输出隐藏层状态 $S_{t+1}=\phi(Ux_{t+1}+WS_t+b)$，同时输出预测值 $O_{t+1}=\sigma(VS_{t+1}+c)$。

注意，RNN 结构是一个全连接的神经网络在不同时刻展开的结果，在计算 $t-1,t,t+1$ 三个时刻的隐藏层状态和输出值时，复用了同一套模型参数（U、W、V、b、c）。每一时刻的隐藏层状态，就是记录该时刻的信息，这些信息一方面用于输出该时刻的输出值，另一面作为记忆信息向后传递，下一时刻在输出时会考虑之前的记忆信息，解决的时序数据前后关联的问题。

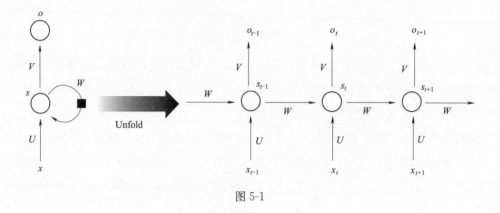

图 5-1

类比 CNN 的性质，RNN 的网络参数 U、W、V、b、c 在时序上是共享的，它可以在时间上共享不同位置的统计强度，这正是体现了 RNN 模型循环反馈的思想。当时序数据中的某些部分在多个位置出现时，这种参数共享机制就显得尤为重要。例如，识别两个单词 what、how 中的 "w" 字母，我们希望模型通过参数共享机制可以学习到字母 "w" 的抽象特征，从而无论这个字母出现在什么位置，模型都能够识别它。

RNN 模型参数更新的过程依然采用反向传播，只是这里的结构与时序有关，它的反向传播方法称为 BPTT（back-propagation through time），即随时间反向传播。BPTT 的核心思想与 BP 相同，沿着待优化参数的负梯度方向不断寻找最优点。当然这里的 BPTT 和 FCNN 中的 BP 也有差异，这里所有的参数 U、W、V、b、c 在序列的各个位置是共享的，因此序列在每个时刻都有损失函数，最终的损失 L 记为 $L = \sum\limits_{t=1}^{n} L_t$，其中 L_t 表示 t 时刻的损失函数。

以 $t = 3$ 时刻为例：

$$\frac{\partial L_3}{\partial V} = \frac{\partial L_3}{\partial O_3} \frac{\partial O_3}{\partial V}$$

$$\frac{\partial L_3}{\partial W} = \frac{\partial L_3}{\partial O_3} \frac{\partial O_3}{\partial S_3} \frac{\partial S_3}{\partial W} + \frac{\partial L_3}{\partial O_3} \frac{\partial O_3}{\partial S_3} \frac{\partial S_3}{\partial S_2} \frac{\partial S_2}{\partial W} + \frac{\partial L_3}{\partial O_3} \frac{\partial O_3}{\partial S_3} \frac{\partial S_3}{\partial S_2} \frac{\partial S_2}{\partial S_1} \frac{\partial S_1}{\partial W}$$

$$\frac{\partial L_3}{\partial U} = \frac{\partial L_3}{\partial O_3} \frac{\partial O_3}{\partial S_3} \frac{\partial S_3}{\partial U} + \frac{\partial L_3}{\partial O_3} \frac{\partial O_3}{\partial S_3} \frac{\partial S_3}{\partial S_2} \frac{\partial S_2}{\partial U} + \frac{\partial L_3}{\partial O_3} \frac{\partial O_3}{\partial S_3} \frac{\partial S_3}{\partial S_2} \frac{\partial S_2}{\partial S_1} \frac{\partial S_1}{\partial U}$$

$$\frac{\partial L_3}{\partial c} = \frac{\partial L_3}{\partial O_3} \frac{\partial O_3}{\partial c}$$

$$\frac{\partial L_3}{\partial b} = \frac{\partial L_3}{\partial O_3} \frac{\partial O_3}{\partial S_3} \frac{\partial S_3}{\partial b} + \frac{\partial L_3}{\partial O_3} \frac{\partial O_3}{\partial S_3} \frac{\partial S_3}{\partial S_2} \frac{\partial S_2}{\partial b} + \frac{\partial L_3}{\partial O_3} \frac{\partial O_3}{\partial S_3} \frac{\partial S_3}{\partial S_2} \frac{\partial S_2}{\partial S_1} \frac{\partial S_1}{\partial b}$$

由上述公式可以看到，对于 V、c 的偏导数只与当前时刻有关，求导链路短。而对于 W、U、b 的偏导数与各个时刻有关，求导链路较长。常见的激活函数如 sigmoid 导数范围在 $0 \sim$

0.25，tanh 导数范围在 0～1，经过多次连乘都会趋近于 0。以 $\dfrac{\partial L_3}{\partial W}$ 为例，最短的偏导数项 $\dfrac{\partial L_3}{\partial O_3}\dfrac{\partial O_3}{\partial S_3}\dfrac{\partial S_3}{\partial W}$ 也要经历两次激活函数求导，这就容易造成梯度消失的问题。这里需要指出，由于 tanh 的一阶导数取值范围更大，且关于 0 中心对称，收敛速度要快于 sigmoid，而梯度消失的速度要慢于 sigmoid。如果采用 relu 激活函数，当输出大于 0 时，梯度恒为 1，因此不会出现累乘后梯度消失的问题，但是在累加过程中，梯度会越来越大，容易造成梯度爆炸的问题；当输出小于或等于 0 时，梯度恒为 0，同样会出现梯度消失的问题。

关于梯度消失问题，前面章节已经有介绍，主要影响是网络参数无法被更新。关于梯度爆炸问题，主要是由于梯度过大，导致网络参数更新幅度过大。根据前面的介绍，参数更新的过程是以一个较小的幅度逐渐向最优解靠近，而梯度爆炸会导致网络参数不稳定。

RNN 的主要特点是它能够将之前的信息连接到当前时刻处理任务，但它无法解决长距离依赖问题，即 RNN 只能够保留"短期记忆"。如图 5-2 所示，在 $t+1$ 时刻，RNN 能够利用从 $x_2 \sim x_t$ 时刻的记忆信息输出 o_{t+1}，而 x_0，x_1 时刻的记忆信息被遗忘了，如果这些时间的信息对 $t+1$ 时刻的输出有重要作用，那么 RNN 就不能准确地捕捉序列关系。

在 RNN 中，记忆信息是通过隐藏层状态来传递的，隐藏层状态涉及了 W、U、b 三个参数，以上文中 $t=3$ 时刻 W 的偏导数为例：$\dfrac{\partial L_3}{\partial W}=\dfrac{\partial L_3}{\partial O_3}\dfrac{\partial O_3}{\partial S_3}\dfrac{\partial S_3}{\partial W}+\dfrac{\partial L_3}{\partial O_3}\dfrac{\partial O_3}{\partial S_3}\dfrac{\partial S_3}{\partial S_2}\dfrac{\partial S_2}{\partial W}+\dfrac{\partial L_3}{\partial O_3}\dfrac{\partial O_3}{\partial S_3}\dfrac{\partial S_3}{\partial S_2}\dfrac{\partial S_2}{\partial S_1}\dfrac{\partial S_1}{\partial W}\rightarrow\dfrac{\partial L_3}{\partial W}\approx\dfrac{\partial L_3}{\partial O_3}\dfrac{\partial O_3}{\partial S_3}\dfrac{\partial S_3}{\partial W}$，这是一种极端情况，由于梯度消失问题，$W$ 的梯度只由当前时刻状态决定，与之前的状态无关，这就导致模型训练时，参数的更新并不依赖于之前的记忆信息，即模型训练时无法捕捉到序列前后之间的关系，这就是 RNN 模型无法解决长距离依赖问题的原因。

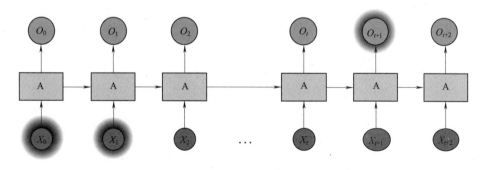

图 5-2

尽管 RNN 有很多缺点，它无法成为一个实用的时序建模模型，但是 RNN 的思想将深度学习应用到了序列建模，实际中较为广泛使用的 LSTM 模型就是 RNN 的一个特例。

RNN 还有一些常见的变种，这里介绍三种模式：单隐藏层 RNN、双隐藏层 RNN 和双向 RNN。

如图 5-3 所示，从输入到输出，只有一层隐藏层，这是最基本的 RNN 模型，上面对 RNN 的介绍，也是基于这种单隐藏层 RNN。

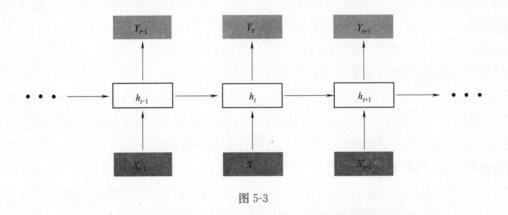

图 5-3

单隐藏层 RNN 也可以看作是一个既"深"又"浅"的网络：如果我们把 RNN 按照时间维度展开，它的链路很长，因此可以看作是一个非常深的网络；另一方面，如果只看同一时刻从输入到输出，它只包含一层隐藏层，网络又是非常浅的。

可以考虑通过增加隐藏层的数量来增加网络深度，如图 5-4 所示，同一时刻从输入到输出经过了多层隐藏层。

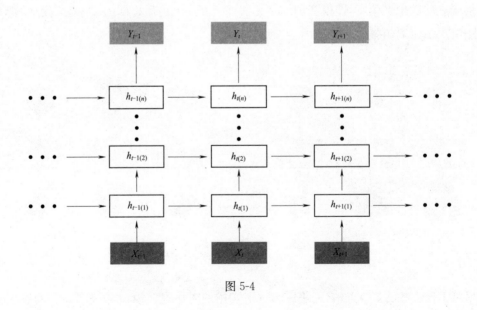

图 5-4

在某些任务中,某一时刻的输出不但和序列之前的信息有关,也和序列之后的信息有关。比如对"please book your tickets"进行词性标注任务,这里"please 是感叹词""your"是代词、"tickets"是名词,所以"book"应该是动词,确定"book"的词性最好根据上下文来判断。

在这些任务中,我们可以增加一个按照时间的逆序来传递信息的网络层,以增强网络的表达能力。如图 5-5 所示,双向循环神经网络(bidirectional recurrent neural network,Bi-RNN)由两层循环神经网络组成,它们的输入相同,但信息流的传递方向相反,模型根据正反向链路的结果综合判断输出。

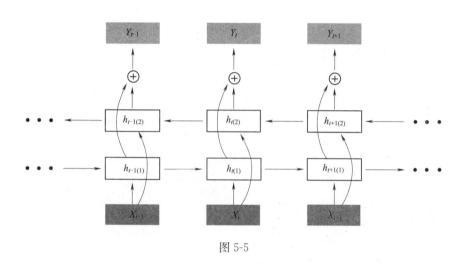

图 5-5

5.2　LSTM 模型

长短期记忆网络(long short term memory,LSTM)是一种改进的循环神经网络,针对 RNN 中梯度消失、长距离依赖等问题进行了优化,它在很多序列问题处理中都有良好的表现,目前被广泛应用于序列建模。LSTM 主要有以下两点优化。

(1)设置专门的变量 C_t 来存储单元状态(cell state),从而使网络具有长期记忆。

(2)引入"门运算",将梯度中的累乘变为累加,解决梯度消失问题。

所有的循环神经网络都具有神经网络重复模块链的形式。在标准 RNN 中,这个重复模块具有非常简单的结构,可以是一层 FCNN(激活函数采用 tanh),如图 5-6 所示。

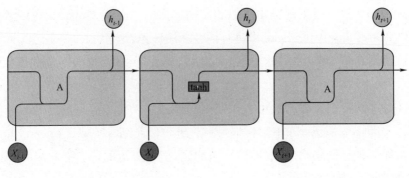

图 5-6

如图 5-7 所示，类比于 RNN，LSTM 也有同样的链式结构，但重复模块的结构不同。它不是一层 FCNN，而是有两个输入、两个输出，且内部设计了一套复杂的计算逻辑。其中输入分别为 $t-1$ 时刻的状态信息（记忆信息）C_{t-1}、隐藏层输出 h_{t-1}，输出分别为 t 时刻的状态信息（记忆信息）C_t、隐藏层输出 h_t。

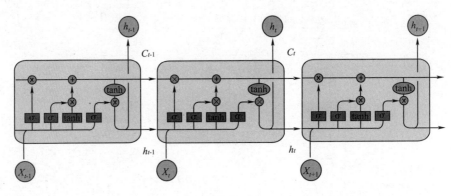

图 5-7

如图 5-8 所示，LSTM 的关键之处在于单元状态，就是图中最上面的水平线。单元状态就像是一条信息的传送带，前一时刻输入的状态信息沿着整个链路，经过一次乘法，再经过一次加法，就得到当前时刻的状态信息，它代表了模型的记忆信息，LSTM 正是通过这一点解决了长距离依赖问题。

LSTM 可以增加或删除状态信息，这种信息的筛选机制通过一种"门"的结构来处理。如图 5-9 所示，"门"是一种让信息选择性通过的计算方法，输入状态信息为 a，输入值 b 经过 sigmoid() 函数输出 $[0,1]$ 范围内的值，与 a 相乘得到输出状态信息 $a \times \sigma(b)$。

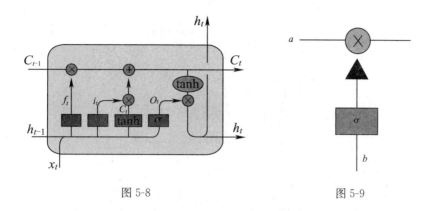

图 5-8　　　　　　　　　　　　　　　　图 5-9

"门"运算的本质就是按照一个比例截取输入状态信息,得到输出状态信息。对于任意输入值 b,经过 sigmoid() 函数都会得到 $[0,1]$ 区间内的值,它决定有多少信息能够通过。其中,0 表示任何信息都不能通过;1 表示任何信息都可以通过。

LSTM 模型中通过三个"门"运算来控制信息的传输,分别为遗忘门、输入门和输出门。

(1)遗忘门的结构如图 5-10 所示,它的作用是决定上一时刻的状态信息 C_{t-1} 有多少可以通过。遗忘门的输入是上一时刻的隐藏层输出 h_{t-1}、当前时刻的输入 x_t,经过一层全连接的神经网络(激活函数为 sigmoid),得到 $f_t = \sigma(W_f \times [h_{t-1}, x_t] + b_f)$,因此遗忘门允许上一时刻的状态信息 C_{t-1} 通过的信息为 $f_t \times C_{t-1}$。

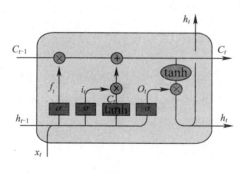

图 5-10

注意,这里虽然叫遗忘门,但是它本质上决定上一时刻的状态信息有多少被保留下来。

(2)输入门的结构如图 5-11 所示,它的作用是决定当前时刻的输入信息有多少被保留下来。输入门的运算分为两步:首先计算输入门保留信息占比 i_t,根据上一时刻的隐藏层输出 h_{t-1}、当前时刻的输入 x_t,经过一层全连接的神经网络(激活函数为 sigmoid),得到 $i_t = \sigma(W_i \times [h_{t-1}, x_t] + b_i)$;然后计算当前输入信息 $\widetilde{C}_t = \tanh(W_c \times [h_{t-1}, x_t] + b_C)$,得到当前时刻保留的输入信息为 $i_t \times \widetilde{C}_t$。

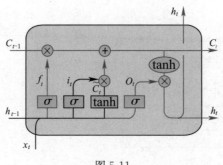

图 5-11

如图 5-12 所示，结合遗忘门与输入门，可以计算当前时刻输出状态信息 $C_t = f_t \times C_{t-1} + i_t \times \tilde{C}_t$。其中，$f_t$、$i_t$ 均为门控占比。当前时刻的记忆信息由上一时刻的记忆信息与当前时刻的输入信息组成。

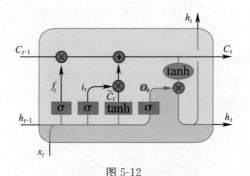

图 5-12

输出门的结构如图 5-13 所示，它的作用是决定当前时刻的状态信息有多少被输出，输出为隐藏层状态 h_t。与输入门类似，输出门的运算分为两步：首先计算输入门保留信息占比 o_t，根据上一时刻的隐藏层输出 h_{t-1}、当前时刻的输入 x_t，经过一层全连接的神经网络（激活函数为 sigmoid），得到 $o_t = \sigma(W_o \times [h_{t-1}, x_t] + b_o)$；然后计算隐藏层状态 $h_t = o_t \times \tanh(C_t)$。

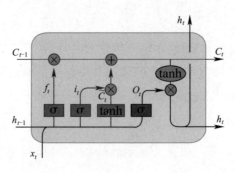

图 5-13

从公式可以看出，h_t 表示将当前时刻的状态信息 C_t（经过 tanh 激活函数）按照一定比例输出。对于 LSTM，h_t 可以看作是模型的短期记忆，它与 RNN 中的 s_t 类似；C_t 可以看作是模型的长期记忆。

最终模型在 t 时刻的预测值 $\tilde{y}_t = \sigma(W h_t + C)$，其中，$\sigma$ 表示激活函数。LSTM 的参数较多，包括与门运算相关的参数 W_f、W_i、W_o、b_f、b_i、b_o 以及与输入运算相关的参数 W_C、b_C，共 8 个参数。类比于 RNN，这些参数是共享的。下面以 W_f 为例介绍 LSTM 的反向传播过程。

由于序列在每个时刻都有损失函数，最终的损失 L 记为 $L = \sum\limits_{t=1}^{n} L_t$，其中，$L_t$ 表示 t 时刻的损失函数。以 $t=2$ 时刻为例：

$$\frac{\partial L_2}{\partial W_f} = \frac{\partial L_2}{\partial \tilde{y}_2} \frac{\partial \tilde{y}_2}{\partial h_2} \left(\frac{\partial h_2}{\partial o_2} \frac{\partial o_2}{\partial h_1} \frac{\partial h_1}{\partial \tanh(C_1)} \frac{\partial \tanh(C_1)}{\partial C_1} \frac{\partial C_1}{\partial f_1} \frac{\partial f_1}{\partial w_f} + \right.$$

$$\frac{\partial h_2}{\partial \tanh(C_2)} \frac{\partial \tanh(C_2)}{\partial C_2} \left(\frac{\partial C_2}{\partial f_2} \left(\frac{\partial f_2}{\partial w_f} + \frac{\partial f_2}{\partial h_1} \frac{\partial h_1}{\partial \tanh(C_1)} \frac{\partial \tanh(C_1)}{\partial C_1} \frac{\partial C_1}{\partial f_1} \frac{\partial f_1}{\partial w_f} \right) + \right.$$

$$\frac{\partial C_2}{\partial C_1} \frac{\partial C_1}{\partial f_1} \frac{\partial f_1}{\partial w_f} + \frac{\partial C_2}{\partial i_2} \frac{\partial i_2}{\partial h_1} \frac{\partial h_1}{\partial \tanh(C_1)} \frac{\partial \tanh(C_1)}{\partial C_1} \frac{\partial C_1}{\partial f_1} \frac{\partial f_1}{\partial w_f} +$$

$$\left. \left. \frac{\partial C_2}{\partial \tilde{C}_2} \frac{\partial \tilde{C}_2}{\partial h_1} \frac{\partial h_1}{\partial \tanh(C_1)} \frac{\partial \tanh(C_1)}{\partial C_1} \frac{\partial C_1}{\partial f_1} \frac{\partial f_1}{\partial w_f} \right) \right)$$

从上述公式可以看出，LSTM 的求导过程出现了很多累加的情况。如果自己动手推导一下，会发现这里的链式求导法则"并不顺利"，在 RNN 中，几乎是一路连乘顺着写下去，而在 LSTM 中，出现了很多"分支"，每连乘几步，就会出现累加的情况。这里需要强调一点，长期记忆 C_t 对于累加行为的贡献很大，从公式可以看出，它的计算参数都直接或间接与 W_f 有关系。随着 t 的增大，梯度公式越来越深，累加项也越来越多，正是由于这样的特征，LSTM 在很大程度上能够解决 RNN 中梯度消失的问题。

LSTM 的数据流如图 5-14 所示，t 时刻的输入 x_t 的维度为 2×1，$t-1$ 时刻的状态信息 C_{t-1} 与隐藏层输出 h_{t-1} 的维度为 3×1，LSTM 模块中隐藏层的神经元数量为 3。因此拼接输入向量为 $[h_{t-1}, x_t]$，维度为 5×1。

首先经过遗忘门，权重参数 W_f 维度为 3×5，偏置项 b_f 维度为 3×1，经过 sigmoid 激活函数，遗忘门的输出结果为 f_t，维度为 3×1。与 C_{t-1} 对应元素相乘，得到 $t-1$ 时刻保留的记忆信息 $f_t \times C_{t-1}$，维度为 3×1。在遗忘门中参数的个数为 $W_f(3 \times 5) + b_f(3 \times 1) = 18$。

然后经过输入门，权重参数 W_i 维度为 3×5，偏置项 b_i 维度为 3×1，经过 sigmoid 激活函数，输入门参数 i_t 维度为 3×1；权重参数 W_C 维度为 3×5，偏置项 b_C 维度为 3×1，经过 tanh 激活函数，输入门参数 $\tilde{C}_t$ 维度为 3×1；将 i_t 与 $\tilde{C}_t$ 对应元素相乘，得到输入门的输出结

果 $i_t \times \tilde{C}_t$,维度为 3×1 ,与遗忘门保留的记忆信息对应元素相加,得到 t 时刻的状态信息 C_t ,维度为 3×1 。在输入门中参数的个数为 $W_i(3\times 5) + b_i(3\times 1) + W_C(3\times 5) + b_C(3\times 1) = 36$ 。

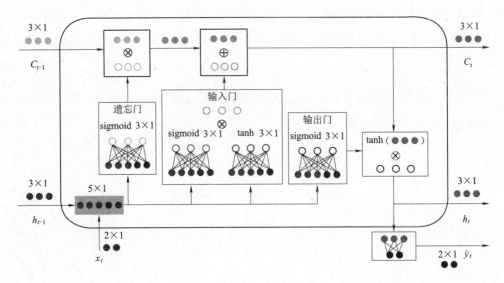

图 5-14

最后经过输出门,权重参数 W_o 维度为 3×5 ,偏置项 b_o 维度为 3×1 ,经过 sigmoid 激活函数,输出门参数 o_t 维度为 3×1 。将 o_t 与 $\tanh(C_t)$ 对应元素相乘,得到 t 时刻的隐藏层输出 h_t ,维度为 3×1 。在遗忘门中参数的个数为 $W_o(3\times 5) + b_o(3\times 1) = 18$ 。

在通常情况下,不会直接采用 h_t 作为 t 时刻的输出,需要再加一层全连接层作为输出层,即 $\tilde{y}_t = \sigma(Wh_t + C)$ 。在输出层中,权重参数 W 维度为 2×3 ,偏置项 C 维度为 2×1 ,参数的个数为 $W(2\times 3) + C(2\times 1) = 8$ 。

现在我们可以计算 LSTM 参数的个数了,18+36+18+8=80,由于模型的参数共享机制,数据以时序的方式流入模型的不同时刻单元,不断更新这些参数。这里给出 LSTM 参数个数的计算公式: $4((m+n)\times m+m)+m\times k+k$ 。其中, m 表示隐藏层神经元个数; n 表示模型输入维度; k 表示模型输出维度。在上例中, $m=3, n=2, k=2$ 。

5.3 GRU 模型

GRU(gated recurrent unit)是 LSTM 的一种简化版本及变体,它比 LSTM 网络的计算更为简单,因此它的计算速度更快、资源开销更小,而且可以达到同样的效果,也同样可以解决 RNN 中的长距离依赖问题。

在 LSTM 中有三个"门"运算：遗忘门、输入门和输出门，而在 GRU 中只有两个"门"运算：重置门和更新门。如图 5-15 所示，类比于 LSTM，GRU 也有同样的链式结构，但重复模块的结构不同。在 LSTM 中，是两输入两输出的结构，同时需要状态信息 C_t 与隐藏层输出 h_t，在 GRU 中，是一输入一输出的结构，它仅通过隐藏层输出 h_t 来保证记忆信息的传递。

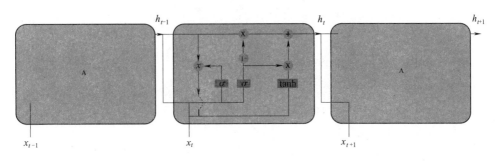

图 5-15

重置门的结构如图 5-16 所示，它的作用类似于 LSTM 中的遗忘门，首先计算需要保留上一时刻隐藏层输出的占比 $r_t = \sigma(W_r \times [h_{t-1}, x_t] + b_r)$，然后根据上一时刻保留的隐藏层输出与当前时刻的输入信息 x_t，计算当前时刻的隐藏层信息 $\widetilde{h}_t = \tanh(W_C \times [r_t \times h_{t-1}, x_t] + b_C)$。注意，在 GRU 中没有状态信息 C_t 的概念，而是通过隐藏层输出 h_t 代替了 C_t。

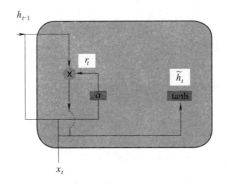

图 5-16

更新门的结构如图 5-17 所示，它的作用类似于 LSTM 中的遗忘门与输入门，这里先计算一个"门"运算占比 $z_t = \sigma(W_z \times [h_{t-1}, x_t] + b_z)$，再以 z_t 为权重组合上一时刻的隐藏层输出 h_{t-1} 与当前时刻的隐藏层信息 $\widetilde{h}_t$，隐藏层输出为 $h_t = (1-z_t) \times h_{t-1} + z_t \times \widetilde{h}_t$。这里 z_t 可以看作是对于上一时刻的隐藏层输出 h_{t-1} 需要遗忘多少，且对于当前时刻的隐藏层信息 $\widetilde{h}_t$ 需要记忆多少的权重，它兼备 LSTM 中遗忘门与输入门的作用。

这里再说明一点，与 LSTM 中的"门"运算相同，GRU 中"门"运算的激活函数 σ 均采用 sigmoid() 函数。

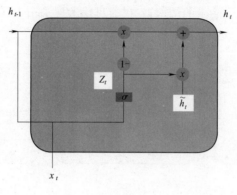

图 5-17

GRU 的数据流如图 5-18 所示，t 时刻的输入 x_t 的维度为 2×1，$t-1$ 时刻的隐藏层输出 h_{t-1} 维度为 3×1，GRU 模块中隐藏层的神经元数量为 3，拼接输入向量 $[h_{t-1}, x_t]$，维度为 5×1。

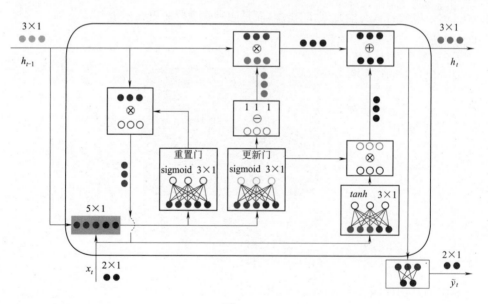

图 5-18

首先经过重置门，权重参数 W_r 维度为 3×5，偏置项 b_r 维度为 3×1，经过 sigmoid 激活函数，重置门的输出结果 r_t 维度为 3×1。与 h_{t-1} 对应元素相乘，得到 $t-1$ 时刻保留的记忆信息 $r_t \times h_{t-1}$，维度为 3×1，再与输入 x_t 拼接成 $[r_t \times h_{t-1}, x_t]$，维度为 3×1，计算 t 时刻的

隐藏层信息 $\widetilde{h}_t$，维度为 3×1，其中权重参数 W 维度为 3×5，偏置项 b 维度为 3×1。在重置门中参数的个数为 $W_r(3\times5)+b_r(3\times1)+W(3\times5)+b(3\times1)=36$。

然后经过更新门，权重参数 W_z 维度为 3×5，偏置项 b_z 维度为 3×1，经过 sigmoid 激活函数，更新门参数 z_t 维度为 3×1，结合 $t-1$ 时刻隐藏层输出 h_{t-1} 与 t 时刻的隐藏层信息 $\widetilde{h}_t$，计算 t 时刻的隐藏层输出 h_t，维度为 3×1。在更新门中参数的个数为 $W_z(3\times5)+b_z(3\times1)=18$。

在通常情况下，不会直接采用 h_t 作为 t 时刻的输出，需要再加一层全连接层作为输出层，即 $\widetilde{y}_t=\sigma(Wh_t+C)$。在输出层中，权重参数 W 维度为 2×3，偏置项 C 维度为 2×1，参数的个数为 $W(2\times3)+C(2\times1)=8$。

计算 GRU 参数的个数为 $36+18+8=62$。与 LSTM 相同，GRU 同样采用参数共享机制，但相比于 LSTM，GRU 的参数大约减少了 25%，可见 GRU 的运算速度比 LSTM 会更快。在具体任务中，很难判定采用哪个模型会更好，通常情况是通过测试选择最合适的。

5.4　神经网络训练中的优化技巧

在进行代码实战之前，先介绍几点网络训练常用的方法，这些方法对于模型训练至关重要：

1. 数据预处理

神经网络中常见的激活函数如 sigmoid()、tanh()，输入值在 0 附近时梯度较大，往两侧梯度逐渐趋近于 0，因此一般的输入数据需要放缩在 $-1\sim1$ 或 $0\sim1$ 之间。常见的方法有以下 3 个。

（1）Min-Max Normalization：$x'=\dfrac{x-x_{\min}}{x_{\max}-x_{\min}}$。其中，$x_{\max}$ 表示数据中的最大值；$x_{\min}$ 表示数据中的最小值。

（2）Average Normalization：$x'=\dfrac{x-u}{x_{\max}-x_{\min}}$。其中，$x_{\max}$ 表示数据中的最大值；$x_{\min}$ 表示数据中的最小值；u 表示数据的均值。

（3）Z-score：$x'=\dfrac{x-u}{\sigma}$。其中，u 表示数据的均值；σ 表示数据的标准差。

其中，方法（1）和方法（2）属于归一化方法。方法（1）将数据放缩在 $0\sim1$ 之间，方法（2）将数据放缩在 $-0.5\sim0.5$ 之间。方法（3）属于标准化方法。

注意，标准化并没有严格将数据放缩在 $-1\sim1$ 之间。

对于输入数据有明确范围要求，且数据分布较为稳定的情况（不存在极端的最大值、最小值），应该采用归一化方法。如果数据中存在异常值或噪声较多，应该采用标准化方法，它可以间接通过中心化消除异常值与极端值的影响。

上述方法的一个缺点是如果新增数据的取值范围超过历史数据的取值范围,需要重新放缩。在实际操作中要尽可能保证历史数据的分布更趋向于总体的分布。

2. 模型参数初始化

神经网络主要依靠梯度下降法进行参数更新,网络的性能与最终收敛得到的最优解直接相关,我们希望得到全局最优解而不是局部最优解。正如前面举例的寻找最优解的过程就像一个人从山上往山下走一样,他的初始位置、步长、方向都很重要,参数初始化就是针对这个初始位置。下面介绍三类常见的参数初始化方法。

(1) 基于固定方差的参数初始化

常数初始化:网络参数初始化为一个固定常数。

高斯初始化:采用高斯分布 $N(0,\delta^2)$ 初始化网络参数,一般均值设置为 0,只需要指定方差 δ^2。

均匀分布初始化:在 $[-r,r]$ 内采用均匀分布初始化网络参数,均匀分布的方差 $\delta^2 = \dfrac{(r-(-r))^2}{12}$,所以有 $r = \sqrt{3\delta^2}$。

固定方差初始化的问题是如何设置方差的值,如果设置过小,在前向传播时由于信号值过小,经过多层网络容易造成信号消失;如果设置过大,在前向传播时由于信号值过大,对于 sigmoid()、tanh() 函数在反向传播时容易造成梯度消失,对于 relu() 函数在反向传播时容易造成梯度爆炸。因此通常需要配合逐层归一化使用。

(2) 基于方差缩放的参数初始化

方差设置的关键在于保证网络层计算结果(经过激活函数之前)应该保持一个合适的值,即不能太小也不能太大。如果一个神经元的输入很多,每个输入连接的权重就应该小一点;反之,每个输入连接的权重应该大一点。

因此,需要尽量保证每一层网络输入与输出方差一致。已经证明,从网络层输入到输出有一个标准差,它与神经元连接数量有关,因此可以根据神经元数量自适应调整初始化分布的方差,称为方差缩放。

Glorot(Xavier) 初始化针对 tanh,它假设激活函数是线性的,且关于 0 中心对称。glorot_uniform 针对均匀分布 $[-r,r]$ 初始化,$r = \sqrt{\dfrac{6}{N_{L-1}+N_L}}$;glorot_normal 针对高斯分布 $N(0,\delta^2)$ 初始化,$\delta^2 = \dfrac{2}{N_{L-1}+N_L}$。

He(Kaiming) 初始化针对 relu。he_uniform 针对均匀分布 $[-r,r]$ 初始化,$r = \sqrt{\dfrac{6}{N_{L-1}}}$;he_normal 针对高斯分布 $N(0,\delta^2)$ 初始化,$\delta^2 = \dfrac{2}{N_{L-1}}$。

（3）正交初始化（orthogonal）

正交初始化经常出现在 RNN 类型的网络中，用于解决梯度消失/爆炸问题。假设一个等宽的全连接线性网络有 N 层，输入为 x ，输出为 $y = W^1 W^2 \cdots W^N x$ ，其中 $W^i (1 \leqslant i \leqslant N)$ 为第 i 层的权重参数矩阵。如果对于所有的 W^i 任意初始化，经过 N 层计算后，y 可能趋于 0，也可能趋于无穷大，网络无法稳定工作。

一种直接的想法是将所有权重参数矩阵初始化为正交矩阵，令 $W = W^1 W^2 \cdots W^N$ ，则 W 也是正交矩阵，即 $y = Wx$ 。这样可以保证 y 的稳定性。正交初始化的实现可以分为以下两步。

①采用均值为 0、方差为 1 的高斯分布初始化矩阵。

②采用矩阵奇异值分解（SVD）得到两个正交矩阵，使用其中之一即可。

对于 glorot、he、orthogonal 初始化，可以通过一个小程序来验证效果。

☞ **代码参见：第 5 章→initializer**

```python
import numpy as np
def tanh(x):
    return (np.exp(x) -np.exp(- x)) / (np.exp(x) + np.exp(- x))
def relu(x):
    return np.maximum(0, x)
# glorot(xavier)初始化
x0 = np.random.normal(0, 1, [256, 1])
x1 = x0


for i in range(100):
    # uniform 矩阵相乘
    w0 = np.random.uniform(- 1, 1, [256, 256])
    x0 = np.matmul(w0, x0)
    x0 = tanh(x0)

    # glorot 矩阵相乘
    w1 = w0 * np.sqrt(6 / (256 + 256))
    x1 = np.matmul(w1, x1)
    x1 = tanh(x1)


print('glorot:')
```

```python
print('uniform mean: {0}, std: {1}'.format(np.mean(x0), np.std(x0)))
print('glorot mean: {0}, std: {1}'.format(np.mean(x1), np.std(x1)))


# he(kaiming)初始化
x0 = np.random.normal(0, 1, [256, 1])
x1 = x0


for i in range(100):
    # uniform 矩阵相乘
    w0 = np.random.uniform(- 1, 1, [256, 256])
    x0 = np.matmul(w0, x0)
    x0 = relu(x0)


    # he 矩阵相乘
    w1 = w0 *  np.sqrt(6 / (256))
    x1 = np.matmul(w1, x1)
    x1 = relu(x1)


print('he:')
print('uniform mean: {0}, std: {1}'.format(np.mean(x0), np.std(x0)))
print('he mean: {0}, std: {1}'.format(np.mean(x1), np.std(x1)))


# orthogonal 初始化
x0 = np.random.normal(0, 1, [256, 1])
x1 = x0


for i in range(100):
    # normal 矩阵相乘
    w0 = np.random.normal(0, 1, [256, 256])
    x0 = np.matmul(w0, x0)


    # orthogonal 矩阵相乘
      u, _, v = np.linalg.svd(w0, full_matrices= False)
    w1 = u
    x1 = np.matmul(w1, x1)
```

```
print('orthogonal:')
print('normal mean: {0}, std: {1}'.format(np.mean(x0), np.std(x0)))
print('orthogonal mean: {0}, std: {1}'.format(np.mean(x1), np.std(x1)))
```

执行结果如下:

glorot:

uniform mean:0.005443974756002154,std:0.9583591746175089

glorot mean:- 0.0032739749413965968,std:0.055733833996125914

uniform mean:2.8442143972434063e+ 81,std:4.414746929141852e+ 81

he mean:0.8902799322003433,std:1.3818791581138752

orthogonal:

uniform mean:- 1.430997673738859e+ 119,std:2.376064790823265e+ 120

orthogonal mean:- 0.07332123090369333,std:1.0186337701852877

由执行结果可以看到,采用 glorot 初始化经过 tanh 激活函数,输出集中在 0 附近;采用 he 初始化经过 relu 激活函数,输出集中在 0.9 附近;采用 orthogonal 初始化,输出集中在 0 附近,它能够适用于常见的激活函数。尽管每次执行结果不同,但是能够反映这些初始化的基本性质,即输出呈现 0 中心,方差在[−1,1],因此能够适配相应的激活函数。

3. 批归一化(BN)

batch normalization 即批归一化,它与数据预处理中的 Z−score 有类似的作用。采用归一化或标准化的作用是将数据约束在一定范围内,使得输入数据正好落在激活函数的近似线性区域(sigmoid、tanh),这样不仅可以避免在反向传播时梯度为 0 的情况,同时对于输入数据有一定的区分度。比如某一神经元的权重参数为 0.1,当输入为 10,50,100 时,经过 tanh 激活函数后的输出为 0.76,1,1,这样网络会认为输入 50 或 100 没有任何区别。

这种问题不仅会出现在网络的输入层,在隐藏层的传播过程中也有可能发生。通常网络训练采用随机批量梯度下降法,batch normalization 中的 batch 即批数据的意思,它在网络中的每一层都对批数据做归一化处理。前面说到输入层以及隐藏层计算结果值对于激活函数很重要,因此 batch normalization 添加在每一层全连接层与激活函数之间。

batch normalization 的计算过程如下:

批数据均值
$$u = \frac{1}{n} \sum_{i=1}^{n} x_i$$

批数据方差
$$\sigma^2 = \frac{1}{n} \sum_{i=1}^{n} (x_i - u)^2$$

数据标准化 $\qquad x'_i = \dfrac{x_i - u}{\sqrt{\sigma^2 + \varepsilon}}$

数据反标准化 $\qquad x''_i = r \times x'_i + \beta$

前两步分别计算批数据的均值与方差；第三步进行数据标准化，其中 ε 表示一个较小的正数，保证分母不为零；第四步对数据进行反标准化，将数据进行扩展和平移操作，为了让神经网络能够学习和修改参数 r、β，从而对第三步数据标准化操作进行优化。

由于 batch normalization 对数据进行归一化，有利于消除数据中的异常值和噪声。并且数据落在激活函数的近似线性区域，在反向传播时能够获得一个较大的梯度，因此能够加速训练过程。此外，batch normalization 可以降低网络参数初始值分布的影响，因此在模型训练时更容易初始化网络参数。最后，batch normalization 提供了一些正则化的效果，这一点类似于 dropout。

在实际中，batch normalization 对于 FNN、CNN 都有比较好的效果，但不适用于 RNN。由于 RNN 中 batch normalization 是对一批序列的某一时刻的数据做归一化，这些来自不同序列的数据可能不属于相似的分布，因此模型很难学习到参数 r、β，也很难将来自不同分布的数据做正确的扩展和平移操作。

4. Dropout

Dropout 用于解决模型训练过程中的过拟合问题。它是在每次前向传播过程中，以一定的概率选择部分神经元停止工作，相当于在每一次前向传播过程中，只激活一部分神经元用于训练，且每次激活的神经元都是随机选择的。

首先它相当于模型取平均的结果。假设我们按照同样的网络结构训练了 5 个模型，此时给定一个输入会得到 5 个输出结果，比如有三个模型判断输出为 a，那么结果就很可能为 a，其他两个网络的输出结果错误。这种模型融合的策略可以有效防止过拟合，因为不同的网络可能产生不同的过拟合，取平均则有可能将一些"相反的过拟合"抵消。由于 Dropout 每次随机删除了一部分神经元，相当于每次在训练不同的网络，因此整个训练过程就相当于对很多不同的网络结果取平均，类似于模型融合策略。

其次它能够减少神经元之间复杂的共适应关系。由于 Dropout 机制使得两个神经元不一定每次都出现在同一个网络中，这样参数的更新不再依赖于有固定关系的隐藏层节点的共同作用，阻止了某些特征仅在特定条件下才有效的情况，能够迫使网络学习到更加鲁棒的特征。换句话说，假如神经网络在做某种预测，它不应该对于一些特定的特征太过敏感，即使丢失一些信息，它也应该从其他信息中学习到一些共同的特征，因此它也类似于 L1、L2 正则化的效果，使得网络对丢失某些神经元连接时的鲁棒性提高。

Dropout 的具体实现分为两种，即 Dropout 与 Inverted-Dropout。下面以 keep_prob 表示每次训练激活神经元的比率，keep_prob 的取值范围是 0~1。

对应于传统的 Dropout 方法,它在训练时启动 Dropout,即激活 keep_prob 比例的神经元,在测试时关闭 Dropout,即激活所有神经元,但是对应于训练阶段使用 Dropout 的隐藏层,其输出值要乘以 keep_prob。

目前主流的方法是 Inverted-Dropout,它在训练阶段对使用 Dropout 的隐藏层,其输出值要除以 keep_prob,在测试时直接关闭 Dropout,也不用对输出值做任何修改。

目前所说的 Dropout 一般是指 Inverted-Dropout,它的好处是把保持期望一致的计算转移到了训练阶段,提升了测试阶段的速度,这对于线上的应用有很大帮助。

在实际中,Dropout 对 FNN、RNN 都有比较好的效果,但不适用于 CNN。首先由于卷积层的参数较少,并不需要做太多的正则化。其次,在图像数据中,特征的空间关系高度相关,而 Dropout 的作用是为了减少这种相关性,反而对模型训练产生伤害。

5. 梯度剪裁

梯度剪裁对应解决梯度爆炸问题,特别适合 RNN 模型。它通过在反向传播过程中缩放梯度值,保证网络训练过程中的数值稳定性。通常将梯度缩放与梯度剪裁两种方法统称为梯度剪裁。

梯度缩放对梯度向量进行归一化,使得向量的范数等于一个固定值,如果超过固定值,就重新缩放整个向量。

梯度剪裁对梯度向量的每个元素进行剪裁,超过阈值的元素会被强制修改为阈值。

6. 提前终止

提前终止用于解决模型训练过程中的过拟合问题。在神经网络训练过程中,通常情况是训练集、验证集的误差开始都同时减小,经过一段时间后,训练集的误差继续减小,而验证集的误差开始逐渐增大,此时模型就出现了过拟合。

如果能在验证集误差最小的时刻停止训练,就能够有效防止过拟合,这就是提前终止的思想。在训练过程中可以监控验证集误差的变化,比如当验证集误差达到某个极小值后,再经过 n 次训练后,误差不能进一步减小,此时就停止训练。

5.5　LSTM 实战

下面进行代码实战。首先对数据集进行处理。build_data()函数负责生成训练集、验证集、测试集。特征列选取了 financing_balance,financing_balance_ratio,financing_buy,financing_net_buy,O/N,1W,hs300_highest_price,hs300_lowest_price,ust_closing_price,usdx_closing_price,ust_extent,usdx_extent,CPI_YoY,PPI_YoY,PMI_MI_YoY,PMI_NMI_YoY,M1_YoY,M2_YoY,credit_mon_val,credit_mon_YoY,credit_acc_val,credit_acc_YoY,预测目标列为 hs300_closing_price、hs300_yield_rate。如图 5-19 所示,一共有 24

条数据序列(特征序列＋目标序列),通过前面 7 步信息来预测第 8 步 hs300_closing_price、hs300_yield_rate。

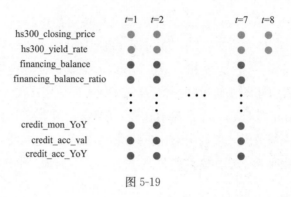

图 5-19

☞ 代码参见:第 5 章→**rnn_data**

```
import numpy as np
from sklearn.preprocessing import MinMaxScaler


# 数据归一化处理,构造训练集、验证集、测试集
def build_data(df, x_cols, y_cols, train_ratio, valid_ratio, time_step):
    indexs = df.index.tolist()
    length = len(df)

    # 数据归一化
    scaler_x = MinMaxScaler(feature_range= (- 1, 1))
    scaler_y = MinMaxScaler(feature_range= (- 1, 1))

    scaled_x_data = scaler_x.fit_transform(df[x_cols])
    scaled_y_data = scaler_y.fit_transform(df[y_cols])

    # 构建训练集
    scaled_x_train_data = scaled_x_data[0:int(length * train_ratio)]
    scaled_y_train_data = scaled_y_data[0:int(length * train_ratio)]
    train_indexs = indexs[0:int(length * train_ratio)]

    x_train, y_train, train_index = [], [], []
    for i in range(len(scaled_x_train_data) -time_step):
```

```
        x_value = np.append(scaled_x_train_data[i: i + time_step],
                            scaled_y_train_data[i: i + time_step], axis= 1)
        x_train.append(x_value)

        y_value = scaled_y_train_data[i + time_step]
        y_train.append(y_value)

        index = train_indexs[i + time_step]
        train_index.append(index)

# 构建验证集
scaled_x_valid_data = scaled_x_data[int (length * train_ratio):
                                    int(length * valid_ratio)]
scaled_y_valid_data = scaled_y_data[int (length * train_ratio):
                                    int(length * valid_ratio)]
valid_indexs = indexs[int (length * train_ratio):
                      int(length * valid_ratio)]

x_valid, y_valid, valid_index = [], [], []
for i in range(len(scaled_x_valid_data) -time_step):
    x_value = np.append(scaled_x_valid_data[i: i + time_step],
                        scaled_y_valid_data[i: i + time_step], axis= 1)
    x_valid.append(x_value)

    y_value = scaled_y_valid_data[i + time_step]
    y_valid.append(y_value)

    index = valid_indexs[i + time_step]
    valid_index.append(index)

# 构建测试集
scaled_x_test_data = scaled_x_data[int(length * valid_ratio):]
scaled_y_test_data = scaled_y_data[int(length * valid_ratio):]
test_indexs = indexs[int(length * valid_ratio):]

x_test, y_test, test_index = [], [], []
for i in range(len(scaled_x_test_data) -time_step):
    x_value = np.append(scaled_x_test_data[i: i + time_step],
```

```
                               scaled_y_test_data[i: i + time_step], axis= 1)
        x_test.append(x_value)


        y_value = scaled_y_test_data[i + time_step]
        y_test.append(y_value)


        index = test_indexs[i + time_step]
        test_index.append(index)


    return (scaler_x, scaler_y), (x_train, y_train, train_index), \\
           (x_valid, y_valid, valid_index), (x_test, y_test, test_index)
```

然后开始构建模型，这里分别构建 LSTM、GRU 模型。模型结构如图 5-20 所示，首先输入向量经过一层全连接层，然后经过两层 LSTM/GRU 模块，最后一个时刻的输出经过一层全连接层，输出预测结果。

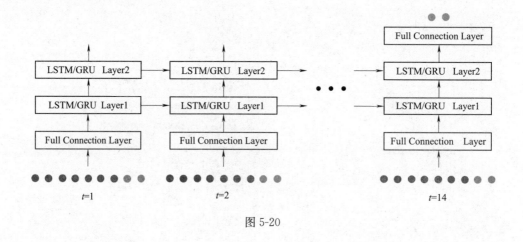

图 5-20

☞ **代码参见：第 5 章→rnn_model**

```
import tensorflow as tf
import tensorflow.keras.layers as layers


#  LSTM 模型
class LSTM(tf.keras.Model):
```

```python
    def __init__(self, hidden_units, dropout_ratio, input_size, output_size):
        super(LSTM, self).__init__(name= 'LSTM')

        self.hidden_units = hidden_units

        self.input_layer = layers.Dense(name= 'input',
                                        units= input_size, activation= 'tanh')

        self.lstm_layer_0 = layers.LSTMCell(name= 'lstm0', units= hidden_units,
                                            kernel_initializer= 'glorot_uniform',
                                            recurrent_initializer= 'orthogonal',
                                            bias_initializer= 'ones',
                                            dropout= dropout_ratio)
        self.lstm_layer_1 = layers.LSTMCell(name= 'lstm1', units= hidden_units,
                                            kernel_initializer= 'glorot_uniform',
                                            recurrent_initializer= 'orthogonal',
                                            bias_initializer= 'ones',
                                            dropout= dropout_ratio)

        self.output_layer = layers.Dense(name= 'output',
                                         units= output_size, activation= 'tanh')

    def call(self, inputs, training= None):
        batch_size = len(inputs)

        state_0 = [tf.zeros([batch_size, self.hidden_units]),
                   tf.zeros([batch_size, self.hidden_units])]
        state_1 = [tf.zeros([batch_size, self.hidden_units]),
                   tf.zeros([batch_size, self.hidden_units])]

        for input in tf.unstack(inputs, axis= 1):
            input = self.input_layer(input)

            out_0, state_0 = self.lstm_layer_0(input, state_0, training)
            out_1, state_1 = self.lstm_layer_1(out_0, state_1, training)

        pred = self.output_layer(out_1)
```

```
        return pred



#  GRU 模型
class GRU(tf.keras.Model):
    def __init__(self, hidden_units, dropout_ratio, input_size, output_size):
        super(GRU, self).__init__(name= 'GRU')


        self.hidden_units = hidden_units


        self.input_layer = layers.Dense(name= 'input',
                                        units= input_size, activation= 'tanh')


        self.gru_layer_0 = layers.GRUCell(name= 'gru0', units= hidden_units,
                                          kernel_initializer= 'glorot_uniform',
                                          recurrent_initializer= 'orthogonal',
                                          bias_initializer= 'ones',
                                          dropout= dropout_ratio)
        self.gru_layer_1 = layers.GRUCell(name= 'gru1', units= hidden_units,
                                          kernel_initializer= 'glorot_uniform',
                                          recurrent_initializer= 'orthogonal',
                                          bias_initializer= 'ones',
                                          dropout= dropout_ratio)


        self.output_layer = layers.Dense(name= 'output',
                                         units= output_size, activation= 'tanh')


    def call(self, inputs, training= None):
        batch_size = len(inputs)

        state_0 = [tf.zeros([batch_size, self.hidden_units]),
                   tf.zeros([batch_size, self.hidden_units])]
        state_1 = [tf.zeros([batch_size, self.hidden_units]),
                   tf.zeros([batch_size, self.hidden_units])]


        for input in tf.unstack(inputs, axis= 1):
            input = self.input_layer(input)
```

```
        out_0, state_0 = self.gru_layer_0(input, state_0, training)
        out_1, state_1 = self.gru_layer_1(out_0, state_1, training)

    pred = self.output_layer(out_1)

    return pred
```

最后训练模型并显示模型效果,这里模型训练的目的是解决回归问题,因此采用均方误差作为损失函数。model_pred()函数可以调节预测的步长,因为训练的模型是根据之前 7 步的信息来预测第 8 步的结果,如果需要预测多步,可以将前一步的预测结果作为输入,逐步向后预测。

☞ 代码参见:第 5 章→run(具体内容参见代码资源)

训练 LSTM 模型结果如下:

```
train model time:  87.19945693016052


t rain data pred 1 step:
hs300_closing_price mae: 61.04553870024227
hs300_yield_rate mae: 0.0100035558726920234
```

结果如图 5-21 所示。其中 price(value)表示沪深 300 收盘价的真实值,price(pred)表示沪深 300 收盘价的预测值;rate(value)表示沪深 300 收益率的真实值,rate(pred)表示沪深 300 收益率的预测值。

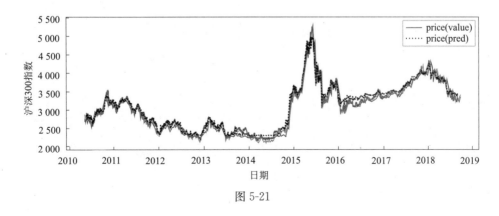

图 5-21

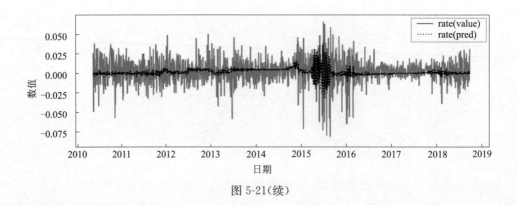

图 5-21（续）

```
valid data pred 1 step:
    hs300_closing_price mae: 58.981691590873744
    hs300_yield_rate mae: 0.009758310179896482
```

结果如图 5-22 所示。

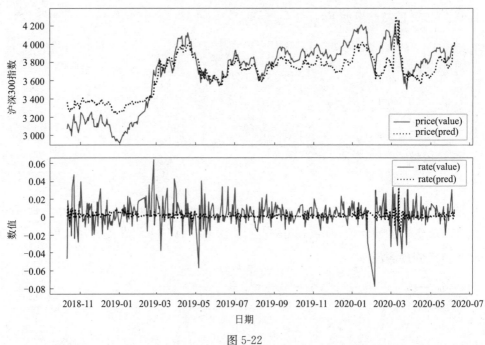

图 5-22

```
test data pred 1 step:
    hs300_closing_price mae: 222.64276895852916
    hs300_yield_rate mae: 0.009872262577598647
```

结果如图 5-23 所示。

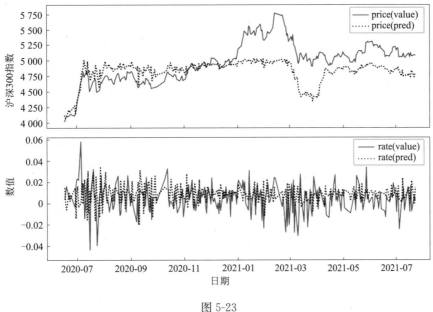

图 5-23

```
train data pred 3 step:
    hs300_closing_price mae: 67.70708234942346
    hs300_yield_rate mae: 0.010042174693227423
```

结果如图 5-24 所示。

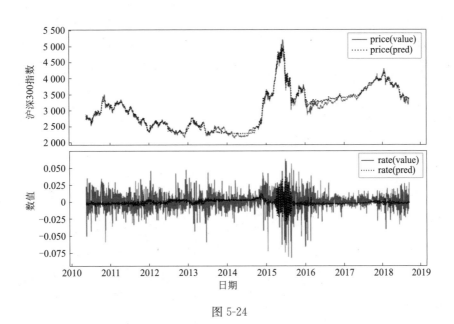

图 5-24

```
valid data pred 3 step:
    hs300_closing_price mae: 70.71108038907029
    hs300_yield_rate mae: 0.00974496454394022
```

结果如图 5-25 所示。

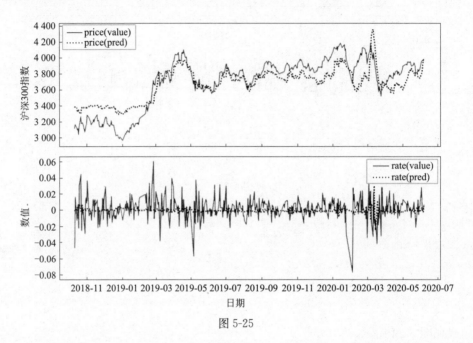

图 5-25

```
test data pred 3 step:
    hs300_closing_price mae: 228.83089179246946
    hs300_yield_rate mae: 0.009874199036787767
```

结果如图 5-26 所示。

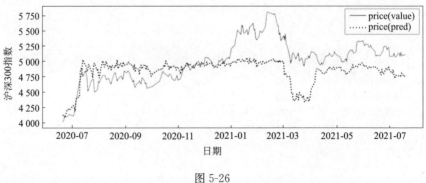

图 5-26

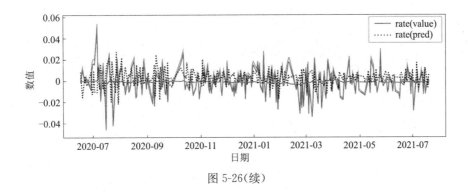

图 5-26(续)

从结果来看,LSTM 的效果并不理想,当然这也跟预测的序列有关。在实际中,金融时间序列并不适合采用深度学习拟合,这里只是为了演示 RNN 模型的实战过程。具有可解释性的传统时间序列预测方法对金融时间序列更加适合。此外,前向预测 3 步的效果也比前向预测 1 步要差,这也符合我们的认知。

训练 GRU 模型结果如下:

```
train model time:  85.37915205955505
train data pred 1 step:
hs300_closing_price mae: 64.84448459254631
hs300_yield_rate mae: 0.010071463969957516
```

结果如图 5-27 所示。

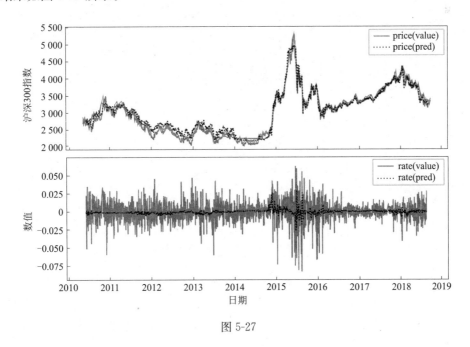

图 5-27

```
valid data pred 1 step:
    hs300_closing_price mae: 85.45107650225438
    hs300_yield_rate mae: 0.009769666626513674
```

结果如图 5-28 所示。

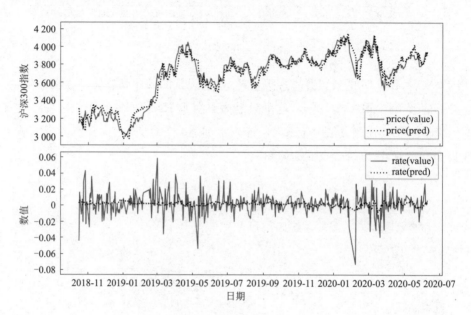

图 5-28

```
test data pred 1 step:
    hs300_closing_price mae: 286.02465232906485
    hs300_yield_rate mae: 0.009961881678974294
```

结果如图 5-29 所示。

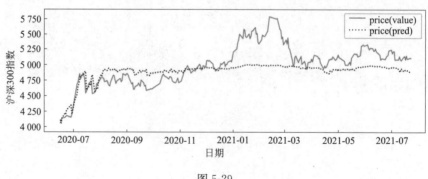

图 5-29

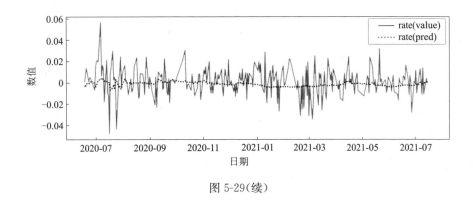

图 5-29(续)

```
train data pred 3 step:
    hs300_closing_price mae: 72.07216989024933
    hs300_yield_rate mae: 0.01007073587364323
```

结果如图 5-30 所示。

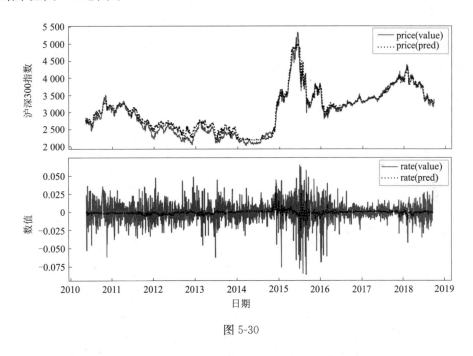

图 5-30

```
valid data pred 3 step:
    hs300_closing_price mae: 96.3830038285137
    hs300_yield_rate mae: 0.009766952705967117
```

结果如图 5-31 所示。

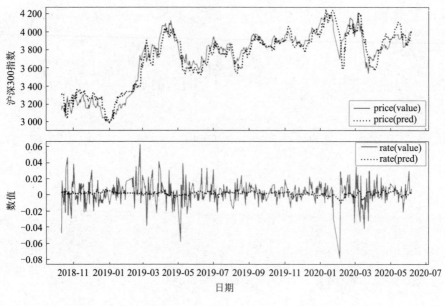

图 5-31

```
test data pred 3 step:
    hs300_closing_price mae: 291.9964882665649
    hs300_yield_rate mae: 0.009963962839841826
```

结果如图 5-32 所示。

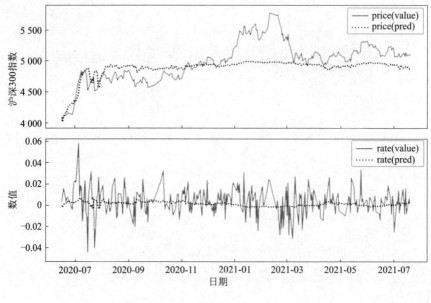

图 5-32

采用 GRU 的预测效果与 LSTM 相似,因此很难说明 LSTM 与 GRU 的优劣,实际中可以根据两种模型的实际效果做选择。

RNN 模型将深度学习应用到时间序列中,不仅能通过长期记忆捕捉序列前后的关系,同时也能够融合其他特征实现回归的效果。对于梯度消失问题,解决思路是保证经过激活函数之前的数据落在激活函数的近似线性区域;对于梯度爆炸问题,解决思路是梯度剪切或者权重测化。RNN 的另一个问题是它缺乏并行处理能力,每一步计算需要依赖前一步的处理结果。

第6章

CNN应用于时间序列

在实际中，RNN 的设计模式存在一个严重的问题：由于网络一次只能处理一个时间步长，后一步必须等前一步处理完才能进行运算。这意味着 RNN 不能像 CNN 那样进行大规模并行处理数据。如果能把 CNN 的计算方法应用在时间序列中，就能大幅提升计算速度。

CNN 在处理图像数据时，将图像看作一个二维矩阵，分块处理。迁移到时间序列中，可以将序列看成一维对象，分段处理。通过设计多层网络结构，可以获得足够大的感受野。这种做法会加深 CNN 网络的深度，但得益于大规模并行处理的优势，无论网络多深，都可以进行并行处理，节省大量时间，这就是 TCN 的基本思想。

2017 年，Google 公司、Facebook 公司相继发表了研究成果，其中一篇叙述比较全面的论文是 *An Empirical Evaluation of Generic Convolutional and Recurrent Networks*。业界将这一新架构命名为时间卷积网络（TCN）。

TCN 模型以 CNN 为基础，并做了以下两点改进。

（1）适用于序列数据：因果卷积（causal convolution）。

（2）记忆历史：空洞卷积/膨胀卷积（dilated convolution），残差模块（residual block）。

6.1　因果卷积

首先来看因果卷积，因为要处理时序问题，就需要采用新的 CNN 模型，这就是因果卷积。时间序列问题可以转化为根据序列 $\{x_1, x_2, \cdots, x_t\}$，去预测序列 $\{y_1, y_2, \cdots, y_t\}$。下面给出因果卷积的定义，设滤波器 $F = (f_1, f_2, \cdots, f_K)$，序列 $X = (x_1, x_2, \cdots, x_T)$，在 $x_t(K-1 \leqslant t \leqslant T)$ 处的因果卷积为 $(F \times X)_{x_t} = \sum_{k=1}^{K} f_k x_{t-K+k}$。图 6-1 所示的是一个 $K=2$ 的因果卷积实例，设第一层隐藏层的最后一个节点为 h_t，滤波器 $F = (f_1, f_2)$，则有 $h_t = f_1 x_{t-1} + f_2 x_t$。

因果卷积以下有两个特点：

（1）不考虑未来的信息。给定输入序列 $\{x_1, x_2, \cdots, x_T\}$，预测序列 $\{y_1, y_2, \cdots, y_T\}$。在预测 y_t 时，只能使用已经观测到的序列 $\{x_1, x_2, \cdots, x_t\}$，而不能使用 $\{x_{t+1}, x_{t+2}, \cdots\}$。

（2）追溯历史信息越久远，隐藏层越多。在图 6-1 中，假设以第二层隐藏层作为输出，它的最后一个节点关联了输入的 3 个节点，即 x_{t-2}, x_{t-1}, x_t；假设以输出层作为输出，它的最后一个节点关联了输入的 4 个节点，即 $x_{t-3}, x_{t-2}, x_{t-1}, x_t$。

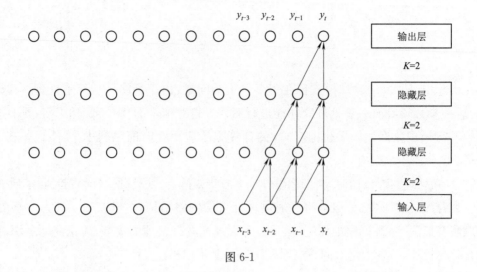

图 6-1

6.2 空洞卷积/膨胀卷积

那么问题来了,在预测时如果要考虑很久之前的输入信息,卷积层数就必须增加。由此深度网络带来的问题有很多,比如梯度消失或梯度爆炸,模型训练复杂、拟合效果不好等。为了解决这个问题,需要引入空洞卷积/膨胀卷积。

标准的 CNN 通过增加 Pooling 层来获得更大的感受野,而经过 Pooling 层后肯定存在信息损失。空洞卷积是在标准的卷积里注入空洞,以此来增加感受野。空洞卷积中多了一个超参数 Dilated Rate,指的是 Kernel 的间隔数量(标准 CNN 中 Dilated Rate 等于 1)。空洞的好处是在不做 Pooling 损失信息的情况下,增加了感受野,让每个卷积输出都包含更大范围的信息。

图 6-2 所示的是标准 CNN 与空洞卷积的数据处理对比效果。由图中可以看到,在标准 CNN 中(Dilated Rate=1),卷积运算后需要接池化层得到 3×3 的特征矩阵;在空洞卷积中(这里设定 Dilated Rate=2),经过卷积运算后直接得到 3×3 的特征矩阵。

下面给出空洞卷积的定义,设滤波器 $F=(f_1,f_2,\cdots,f_K)$,序列 $X=(x_1,x_2,\cdots,x_T)$,在 $x_t(K-1\leqslant t\leqslant T)$(Dilated Rate=$d$)的空洞卷积为 $(F\times_d X)_{x_t}=\sum\limits_{k=1}^{K}f_k\,x_{t-(K-k)d}$。

图 6-3 所示的是一个空洞卷积的例子。滤波器 $F=(f_1,f_2,f_3)(K=3)$,对于第一层隐藏层的最后一个节点:$h_{1t}=f_1\,x_{t-2}+f_2\,x_{t-1}+f_3\,x_t(d=1)$;对于第二层隐藏层的最后一个节点:$h_{2t}=f_1\,h_{1t-4}+f_2\,h_{1t-2}+f_3\,h_{1t}(d=2)$;对于输出层的最后一个节点:$y_t=f_1\,h_{2t-8}+f_2\,h_{2t-4}+f_3\,h_{2t}(d=4)$。

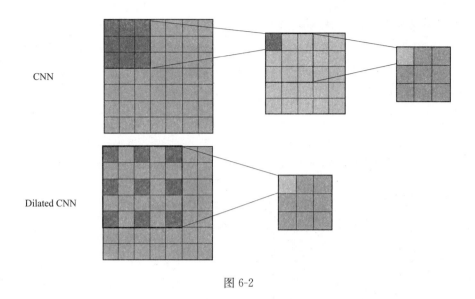

图 6-2

在空洞卷积中，对于某一层中某个神经元的感受野大小为 $(K-1)d+1$，所以增大 K 或 d 都可以增加感受野。在实践中，随着网络层数的增加，d 以 2 的指数增长。如图 6-3 所示中的 d 依次为 1、2、4。

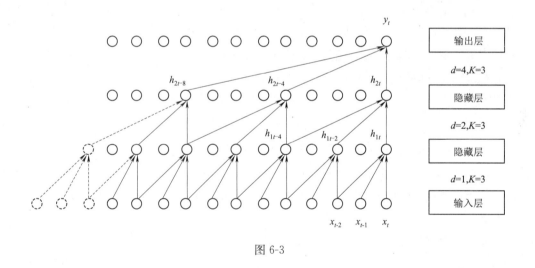

图 6-3

6.3　残差模块

CNN 能够提取 low/mid/high-level 的特征，网络的层数越多，意味着能够提取到不同 level 的特征越丰富；并且，越深的网络提取的特征越抽象，越具有语义信息。

如果简单地增加网络深度，会导致梯度消失或梯度爆炸问题，通过前面介绍的一些方法可以有效缓解梯度问题,这样就可以训练几十层的网络。解决了梯度问题,还会出现另一个问题:网络退化问题。随着网络层数的增加,在训练集上的准确率趋于饱和甚至下降。注意这不是过拟合问题,因为过拟合会在训练集上表现得更好。图 6-4 所示的是一个网络退化的例子,20 层的网络比 56 层的网络表现更好。

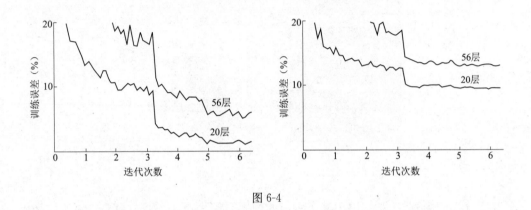

图 6-4

理论上,56 层网络的解空间包含了 20 层网络的解空间,因此 56 层网络的表现应该大于或等于 20 层网络。但是从训练结果来看,56 层网络无论是训练误差还是测试误差都大于 20 层网络(这也说明了为什么不是过拟合现象,因为 56 层网络的训练误差没有降下去)。这是因为虽然 56 层网络的解空间包含了 20 层网络的解空间,但是我们在训练中采用的是随机梯度下降法,往往得到的不是全局最优解,而是局部最优解。显然 56 层网络的解空间更加复杂,所以导致使用随机梯度下降无法得到最优解。

假设已经有了一个最优的网络结构,是 18 层。当我们设计网络结构时,并不知道具体多少层的网络拥有最优的网络结构,假设设计了 34 层的网络结构。那么多出来的 16 层其实是冗余的,我们希望在训练网络的过程中,模型能够自动训练这 16 层网络为恒等映射,也就是经过这 16 层网络时的输入与输出完全相同。但是往往模型很难将这 16 层网络恒等映射的参数学习正确,这样的网络一定比最优的 18 层网络表现差,这就是随着网络的加深,模型反而退化的原因。

因此解决网络退化的问题,就是解决如何让网络的冗余层产生恒等映射(深层网络等价于浅层网络)。通常情况下,让网络的某一层学习恒等映射函数 $H(X) = X$ 比较困难,但是如果我们把网络设计为 $H(X) = F(X) + X$,就可以将学习恒等映射函数转换为学习一个残差函数 $F(X) = H(X) - X$,只要 $F(X) = 0$,就构成了一个恒等映射 $H(X) = X$。在参数初始化的时候,一般网络参数都比较小,非常适合学习 $F(X) = 0$。因此拟合残差会更加容易,这就是残差网络的思想。

图 6-5 所示的是一个残差模块的结构。它由两层网络组成,网络的输入为 X,经过第一层隐藏层输出为 $F_1(X)$,经过第二层隐藏层输出为 $F_2(X)$,右侧的连接线称为 shortcut,它

将输入 X 连接到输出,残差模块的输出为 $Y = F_2(X) + X$。如果网络已经达到最优,继续加深网络,$F_2(X)$ 会趋于 0,即 $Y = X$,这样在理论上网络一直处于最优状态,网络的性能不会随着深度的增加而降低。

设 L 为损失函数,根据反向传播链式求导法则:$\dfrac{\partial L}{\partial X} = \dfrac{\partial L}{\partial Y} \cdot \dfrac{\partial Y}{\partial X} = \dfrac{\partial L}{\partial Y}\left(1 + \dfrac{\partial Y}{\partial F_2(X)}\right.$ $\left. \dfrac{\partial F_2(X)}{\partial F_1(X)} \cdot \dfrac{\partial F_1(X)}{\partial X}\right)$ 可以看到,在梯度公式中出现了常数项 1,而 $\dfrac{\partial Y}{\partial F_2(X)} \cdot \dfrac{\partial F_2(X)}{\partial F_1(X)} \cdot$ $\dfrac{\partial F_1(X)}{\partial X}$ 是经过多次连乘的结果,通常比较小,因此梯度一般都不等于 0。这一特点使得通过残差模块可以构建更深层次的网络。

在图 6-5 所示中,残差模块包含两层网络,而在实际中,残差模块通常包含 2～3 层网络,包含一层网络的残差模块并不能起到提升作用。如图 6-6 所示,由于残差模块中网络的结构不同,导致输入与输出的维度可能不同。根据输入与输出信息的维度,shortcut 有以下两种连接方式。

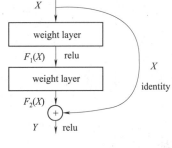

图 6-5

(1) $F(X)$ 与 X 维度相同,即输入与输出维度相同,此时 shortcut 连接只执行简单的相同映射,不会产生额外的参数,也不会增加计算复杂度,只需要把 $F(X)$ 与 X 直接相加:$H(X) = F(X) + X$。

(2) $F(X)$ 与 X 维度不同,即输入与输出维度不同,此时 shortcut 连接需要把输入 X 转化为与输出 $F(X)$ 相同的维度,可以直接通过 zero-padding(不增加参数量)来增加 X 的维度;也可以通过乘以 W_s 矩阵投影到新空间:$H(X) = F(X) + W_s X$。相比于前者,后者增加了额外的计算量。

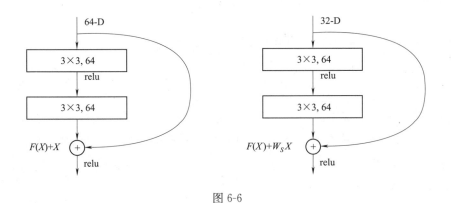

图 6-6

以上是基于全连接层的表示,实际上残差模块可以用于卷积层。加法变为对应 channel 间的两个 feature map 逐元素相加。

在残差网络中,有很多残差模块,如图 6-7 所示,表示一个由 CNN 构成的多层残差网络。每个残差模块包含两层网络,相同维度残差模块之间采用实线连接,不同维度残差模块之间采用虚线连接。网络的 2、3 层执行 3×3×64 的卷积,它们的 channel 数量相同,所以采用计算:$H(X) = F(X) + X$;网络的 4、5 层执行 3×3×128 的卷积,与第 3 层的 channel 数量不同(64 和 128),可以通过 zero-padding 增加 channel 的数量;也可以通过卷积核增加 channel 的数量:$H(X) = F(X) + W_s X$,其中,W_s 表示卷积运算(采用 1×

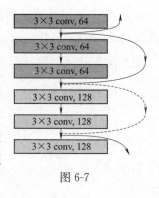

图 6-7

1×128 的 filter,注意通常采用 1×1 的卷积来增加 channel 的数量),用来调整 X 的 channel 数量。

6.4 权重归一化

神经网络中的一个节点计算可以表示为 $y = \phi(w \times x + b)$。其中,w 是一个 n 维向量,y 是该神经元的输出,是一个具体的数值。在得到损失函数以后,采用梯度下降法更新 w 和 b。

权重归一化(weight normalization)提出的策略是将 w 分解为一个参数向量 v 和一个参数标量 g,分解方法为 $w = \dfrac{g}{\|v\|} v$。其中,$\|v\|$ 表示 v 的欧式范数,对公式两边取欧式范数得到 $g = \|w\|$,与参数向量 v 独立,权重参数 w 的方向为 $\dfrac{v}{\|v\|}$。因此 WN 将权重参数 w 分解为两个独立的参数表示其幅度(g)和方向($\dfrac{v}{\|v\|}$)。

设损失函数为 L,对 g、v 分别求梯度,则有 $\dfrac{\partial L}{\partial g} = \dfrac{\partial L}{\partial w} \dfrac{v}{\|v\|}$,$\dfrac{\partial L}{\partial v} = \dfrac{\partial L}{\partial w} \dfrac{g}{\|v\|} - \dfrac{\partial L}{\partial g} \dfrac{g}{\|v\|^2} v$。

与其他的归一化方法不同,WN 的归一化操作针对权重参数,从计算方法上看,WN 更像是基于矩阵分解的一种方法。实际中表明,WN 具有更快的收敛速度,且对于噪声不敏感,适用于 RNN(LSTM)、GAN、reinforcement learning 等场景。

6.5 TCN 模型

因为研究的对象是时间序列,TCN 采用一维卷积运算计算时序数据。图 6-8 所示的是 TCN 的网络结构图。从图中看到,它主要包含了因果卷积与空洞卷积,每一层 t 时刻的值

只依赖于上一层 t，$t-1$，… 时刻的值，体现了因果卷积的性质；而每一层对于上一层信息的提取，都是跳跃式的，且逐层 Dilated Rate 以 2 的指数形式增长，体现了空洞卷积的性质。由于采用了空洞卷积，增加感受野的同时对输入序列的长度也有要求，所以每一层都需要做 padding（通常情况下补 0），padding 的大小为 $(k-1)d$。本例中 $k=3$，d 分别为 1，2，4。

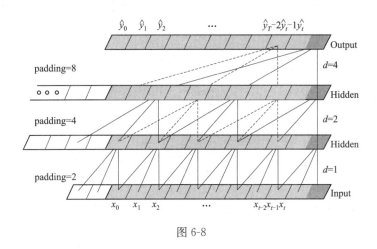

图 6-8

TCN 中每一层的计算都是由残差模块组成的。图 6-9 所示的是 TCN 中的残差模块结构。由图可知，输入分为两路，一路依次经历空洞卷积（dilated causal conv）、权重归一化 WeightNorm、激活函数 RelU 和 Dropout，根据残差模块的要求，需要两层这样的计算结构，这一部分的计算结果即残差模块中的 $F(x)$；另一路经过 1×1 的卷积运算，作为 short-cut 连接 x；将两路结果相加作为残差模块的输出。

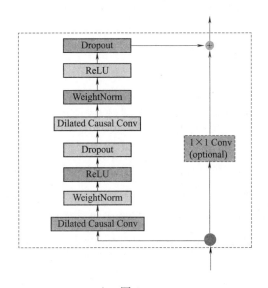

图 6-9

图 6-10 所示的是 TCN 中残差模块 Residual block 的一个具体例子。其中，$k=3$，$d=1$，Convolutional Filter 表示为卷积核，Identity Map 表示为映射方法，空洞卷积退化为普通卷积。

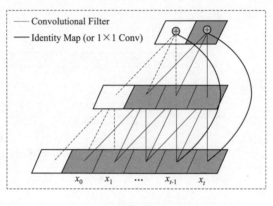

图 6-10

6.6　TCN 实战

下面进行代码实战。首先对数据集进行处理。数据处理过程可以参考 LSTM 中的对应过程，唯一的区别是，在 LSTM 中，输入为 $t=1\sim14$ 时刻的全部序列，输出为 $t=15$ 时刻 hs300_closing_price、hs300_yield_rate 的值；而在 TCN 中，输入为 $t=1\sim14$ 时刻的全部序列，输出为 $t=2\sim15$ 时刻 hs300_closing_price、hs300_yield_rate 的序列。因此只需要改动 build_data()函数。

注意，这里只是提供了另一种构建模型的方式，前者采用"多入一出"，后者采用"多入多出"，这两种方式都能构建 LSTM 模型与 TCN 模型。

☞ **代码参见：第 6 章→tcn_data**(具体内容参见代码资源)

然后开始构建模型。模型结构如图 6-11 所示，输入序列 time_step＝14、channel＝24，经过第一层，残差模块序列变为 time_step＝14、channel＝16；经过第二层，残差模块序列变为 time_step＝14、channel＝8；经过第三层，残差模块序列变为 time_step＝14、channel＝4；经过第四层，残差模块序列变为 time_step＝14、channel＝2，得到输出序列，这是一个"多入多出"的模型。

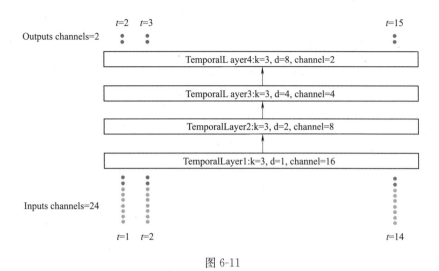

图 6-11

☞ 代码参见:第 6 章→tcn_model

```python
import tensorflow as tf
import tensorflow_addons as tf_addon
import tensorflow.keras.layers as layers


# TCN 残差模块
class TemporalLayer(layers.Layer):
    def __init__(self, input_channel, output_channel, padding,
                 kernel_size, strides, dilation_rate, dropout_ratio):
        super(TemporalLayer, self).__init__()

        # input_channel 输入通道数(序列数量)
        # output_channel 输出通道数(序列数量)
        # padding 需要补 0 的序列长度(TCN 每层计算都会损失序列长度,需要补齐)
        # kernel_size 卷积核大小
        # strides 步长(TCN 中卷积步长默认 1)
        # dilation_rate 空洞大小
        # dropout_ratio dropout 比例
        self.input_channel = input_channel
        self.output_channel = output_channel
        self.padding = padding
```

```python
        self.kernel_size = kernel_size
        self.strides = strides
        self.dilation_rate = dilation_rate
        self.dropout_ratio = dropout_ratio

        self.conv_layer1 = tf_addon.layers.WeightNormalization(
            layers.Conv1D(filters= self.output_channel,
                        kernel_size= self.kernel_size,
                        strides= self.strides,
                        dilation_rate= self.dilation_rate,
                        kernel_initializer= 'he_uniform',
                        bias_initializer= 'zeros'))

        self.conv_layer2 = tf_addon.layers.WeightNormalization(
            layers.Conv1D(filters= self.output_channel,
                        kernel_size= self.kernel_size,
                        strides= self.strides,
                        dilation_rate= self.dilation_rate,
                        kernel_initializer= 'he_uniform',
                        bias_initializer= 'zeros'))

        self.short_cut = layers.Conv1D(filters= self.output_channel,
                                    kernel_size= 1, strides= 1,
                                    kernel_initializer= 'glorot_uniform',
                                    bias_initializer= 'zeros')

def call(self, inputs):
    inputs_padding = tf.pad(inputs, [[0, 0], [self.padding, 0], [0, 0]])

    h1_outputs = self.conv_layer1(inputs_padding)
    h1_outputs = tf.keras.activations.relu(h1_outputs)
    h1_outputs = tf.keras.layers.Dropout(self.dropout_ratio)(h1_outputs)

    h1_padding = tf.pad(h1_outputs, [[0, 0], [self.padding, 0], [0, 0]])

    h2_outputs = self.conv_layer2(h1_padding)
    h2_outputs = tf.keras.activations.relu(h2_outputs)
    h2_outputs = tf.keras.layers.Dropout(self.dropout_ratio)(h2_outputs)
```

```
        #  short_cut 连接方式, 前面经过 padding 保证输入与输出 time_step 相同
        #  这里检查 channel 是否相同
        if self.input_channel ! = self.output_channel:
            res_x = self.short_cut(inputs)

        else:
            res_x = inputs

        return tf.keras.layers.add([res_x, h2_outputs])


#  TCN 网络
class TemporalConvNet(tf.keras.Model):
    def __init__(self, channels, kernel_size, strides, dropout_ratio):
        super(TemporalConvNet, self).__init__(name= 'TemporalConvNet')
        self.channels = channels
        self.kernel_size = kernel_size
        self.strides = strides
        self.dropout_ratio = dropout_ratio
        self.temporal_layers = []

        num_layers = len(self.channels)
        for i in range(num_layers -1):
            dilation_rate = 2 * * i
            tuple_padding = (self.kernel_size -1) * dilation_rate,
            padding = tuple_padding[0]
            input_channel = self.channels[i]
            output_channel = self.channels[i + 1]
            temporal_layer = TemporalLayer(input_channel, output_channel,
                                    padding, self.kernel_size,
                                    self.strides, dilation_rate,
                                    self.dropout_ratio)

            self.temporal_layers.append(temporal_layer)

    def call(self, inputs):
        outputs = inputs
        for temporal_layer in self.temporal_layers:
```

```
        outputs = temporal_layer(outputs)


    return outputs
```

最后训练模型并显示模型效果,具体过程可以参考 LSTM 中的对应过程,由于 TCN 中采用了"多入多出"的模型,因此预测过程稍做修改。在 LSTM 中,模型的输出就是一个时刻的值;而在 TCN 中,模型的输出是一个序列。因此在向后预测一个时刻时,取预测序列的最后一个值即可。

☞ **代码参见:第 6 章→run**(具体内容参见代码资源)

训练 TCN 模型结果如下:

```
train model time:   402.2896909713745


t rain data pred 1 step:
hs300_closing_price mae: 35.579034963823894
hs300_yield_rate mae: 0.009956828230990259
```

结果如图 6-12 所示。其中 price(value)表示沪深 300 收盘价的真实值,price(pred)表示为沪深 300 收盘价的预测值;rate(value)表示沪深 300 收益率的真实值,rate(pred)表示沪深 300 收益率的预测值。

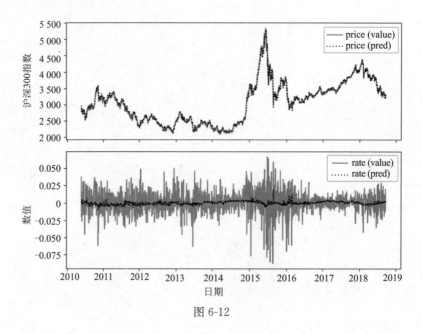

图 6-12

162

```
valid data pred 1 step:
    hs300_closing_price mae: 38.02606234632772
    hs300_yield_rate mae: 0.009610024962590426
```

结果如图 6-13 所示。

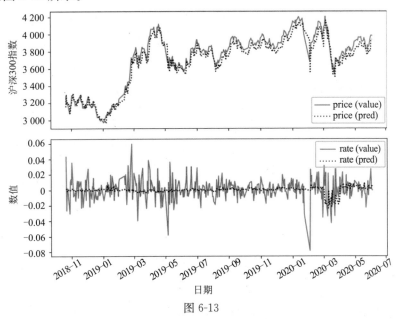

图 6-13

```
test data pred 1 step:
    hs300_closing_price mae: 57.09050338390263
    hs300_yield_rate mae: 0.010491819209494128
```

结果如图 6-14 所示。

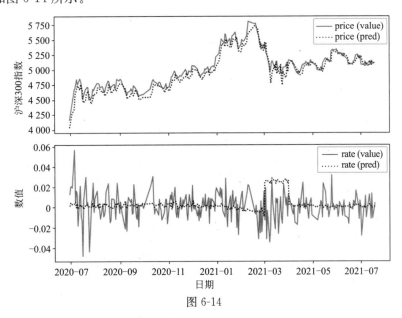

图 6-14

```
train data pred 3 step:
    hs300_closing_price mae: 39.66516875769704
    hs300_yield_rate mae: 0.00995302932224233
```

结果如图 6-15 所示。

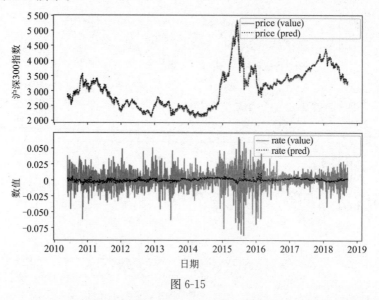

图 6-15

```
valid data pred 3 step:
    hs300_closing_price mae: 42.0239192625714
    hs300_yield_rate mae: 0.009592269325702682
```

结果如图 6-16 所示。

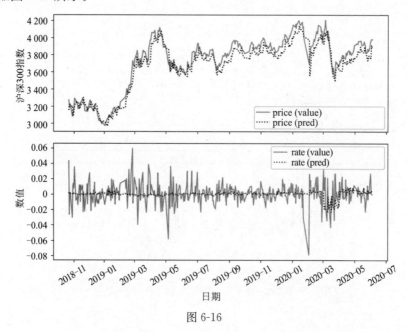

图 6-16

```
test data pred 3 step:
    hs300_closing_price mae: 68.940625870579
    hs300_yield_rate mae: 0.010502543340666425
```

结果如图 6-17 所示。

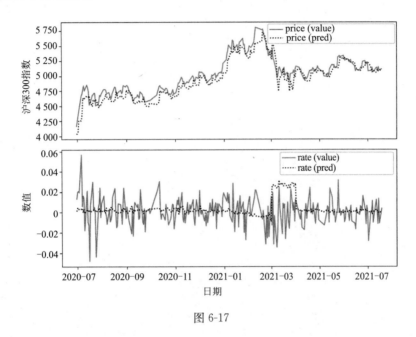

图 6-17

从结果来看，TCN 的效果要好于 RNN，但是也并没有超越传统时间序列分析方法，对指数的预测也没有达到随机游走的效果。

第7章

Transformer应用于时间序列

前面介绍了将 RNN、CNN 模型应用于时间序列。前者计算效率低且难以处理长距离依赖(尽管 LSTM 对长距离依赖有所改善,但仍然无法解决长距离依赖问题);后者虽然采用并行计算提升了计算效率,但是由于感受野的限制仍然无法有效解决长距离依赖问题。

2017 年,Google 公司在发表的一篇论文 *Attention is All You Need* 中提出了一种全新的处理序列问题的模型,它彻底抛弃了传统的 RNN、CNN 模型,整个网络完全由 Attention 机制与全连接层组成。

这篇论文主要针对自然语言处理(natuarl language processing,NLP)领域中的机器翻译场景做了试验,在 WMT 2014 English-to-German 和 WMT 2014 English-to-French 两个机器翻译任务上都取得了当时 SOTA 的效果。它开创性的思想,颠覆了传统序列建模等同于 RNN 的思路,目前已经被广泛应用于 NLP 中的各个领域。

这就是 Transformer 模型,中文翻译为变形金刚。Transformer 的发展经历了一段时间的研究过程,2014 年,Google 公司在发表的一篇论文 *Sequence to Sequence Learning with Neural Networks* 中提出了一种端到端的方法用于处理序列任务,这一方法被称为 Seq2Seq;2015 年,Dzmitry Bahdanau 等人发表了一篇论文 *Neural Machine Translation by Jointly Learning to Align and Translate*,第一次将 Attention 机制应用到 NLP 领域;2017 年,Google 公司在发表的一篇论文 *Attention is All You Need* 中提出了 Transformer 模型。

尽管这是一项针对 NLP 领域的研究成果,但本质上依然是一种捕捉序列关系的深度学习模型,它对时间序列建模具有重要意义。

7.1　Seq2Seq

按照输入与输出的维度,模型可以分为多种类型。如图 7-1 所示,第一种是 *N* vs *N* 任务,比如词性标注,输入的是一句话,输出的是每个单词的词性;第二种是 *N* vs 1 任务,比如情感分析,输入的是一段语音或文字,输出的是情感的类别;第三种是 1 vs *N* 任务,比如图片生成文字描述,输入的是一张图片,输出的是针对图片的一段文字描述。

上面三种结构对于模型的输入和输出维度都有一定的限制,实际中有一些任务的序列长度是不固定的,例如机器翻译中源语言与目标语言的句子长度可能不一样。

Encoder-Decoder 框架是深度学习中一个常用的模型框架,它是 *N* 维输入、*M* 维输出。在图片生成文字描述任务中,Encoder-Decoder 为 CNN-RNN 的编码—解码模型;在机器翻译任务中,Encoder-Decoder 为 RNN-RNN 的编码—解码模型。通常对于从序列到序列任务的 Encoder-Decoder 框架称为 Seq2Seq。

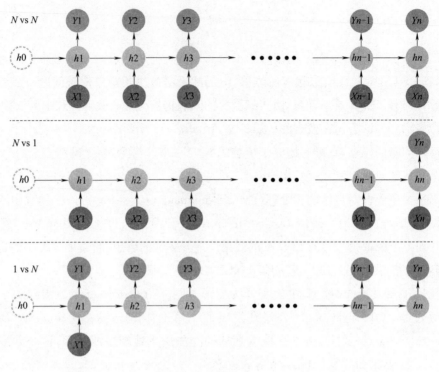

图 7-1

图 7-2 所示的是一个 Seq2Seq 结构的 RNN 模型。左边 Encoder 部分称为编码器,它将 N 维输入序列编码为上下文向量 C;右边 Decoder 部分称为解码器,它将上下文向量 C 按照顺序解码为 M 维输出向量。

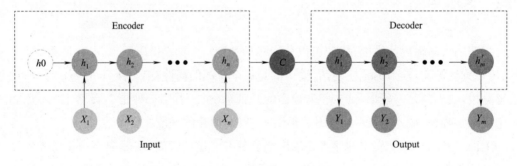

图 7-2

在编码阶段,结合各个时刻的隐藏层状态,汇总后生成上下文向量 C,令 q 表示一种函数计算方式,则 $C=q(h_1,h_2,\cdots,h_n)$,比如 q 可以是一种线性求和运算:$C=k_1h_1+k_2h_2+\cdots+k_nh_n$,再比如 q 可以是取最后一个隐藏层状态:$C=h_n$。在解码阶段,根据上下文向量 C 与已

经生成的输出序列 $\langle y_1, y_2, \cdots, y_{m-1}\rangle$ 来预测 y_m，令 S 表示 y_m 所有取值的集合，则 $y_m = \max\limits_{y_m \subset S} P(y_m \mid y_1, y_2, \cdots, y_{m-1}, C)$。

Encoder-Decoder 框架解决了模型不同维度输入与输出的问题，但也有其局限性。它最大的问题在于 Encoder 与 Decoder 之间只能通过一个固定长度的上下文向量 C 唯一联系，也就是说，Encoder 必须将输入序列的所有信息都压缩在一个固定长度的向量中。这里存在以下两个问题。

（1）上下文向量 C 可能无法完全表示整个输入序列的信息。

（2）先输入的信息会被后输入的信息覆盖，输入序列越长，这种现象就越严重。

因此 Decoder 在解码时无法获得输入序列的完整信息，导致解码的精度不够准确。

7.2　注意力 Attention

如图 7-3 所示，这是在计算机视觉中对于道路场景的识别，它主要关注车、路牌以及行人，这与我们开车时候的行为是一致的。在行驶过程中，关注的对象并不是整幅画面，而是有针对性地关注与行车相关的图像中的信息。

图 7-3

通常，人的视觉机制在处理一张图片时，会快速扫描全局图像，获取需要重点关注的目标区域，然后对这一片区域投入更多的注意力资源，以获得更多所需要关注目标的细节信息，并抑制其他无用信息。

这就是注意力机制，它的核心就是关注与目标任务相关的重要信息，抑制与目标任务无关的信息。

对于序列问题,同样需要注意力机制。比如在做阅读理解的时候,我们通常需要标记关键词与关键语句;比如在分析一段时序数据的时候,我们通常需要关注极值、突变点等重要信息。

另一点,注意力机制关注的对象与目标任务有关,比如对于同一幅路况图像,行车场景中更关注车、路牌、行人等信息,步行场景中更关注建筑、门店等信息。

前面提到在 Encoder-Decoder 框架中只能通过一个固定长度的上下文向量 C 唯一联系。为了改进这个问题,最初的 Attention 机制被引入到 Encoder-Decoder 框架中,它能从序列中学习到每一个元素的重要程度。

图 7-4 所示的是一个采用 Encoder-Decoder 框架、RNN 模型、带有 Attention 机制的神经网络模型。从图中可以看出,Attention 机制是连接 Encoder 与 Decoder 之间的传输纽带。以 Decoder 端的 $t-1$ 时刻为例,首先将 Decoder 端 $t-1$ 时刻的隐藏层状态 h'_{t-1} 连接到 Encoder 端,分别与 Encoder 端的隐藏层状态 $h_1, h_2, \cdots, h_n$ 做向量点乘,得到每个点乘值(即 score),对所有 score 做 softmax 运算得到累加为 1 的 score;然后将每个 score 与对应的隐藏层状态相乘(相当于隐藏层状态向量乘以一个权重 score),将所有经过权重相乘的隐藏层状态相加得到上下文向量 C;最后将 Decoder 端的 $t-1$ 时刻的输出 Y_{t-1} 与上下文向量 C 拼接,作为 Decoder 端 t 时刻的输入。

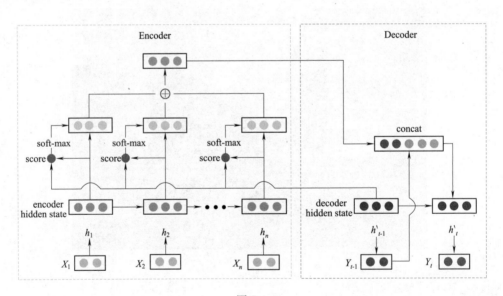

图 7-4

这里须说明一点,在机器翻译任务中,比如 Encoder 端的输入为"I like time series",Decoder 端的输出应该为"我喜欢时间序列"。假设 Decoder 端在 $t-1$ 时刻的输出为"我",这个词将作为 t 时刻的输入,以保证模型输出的语意顺序,即 RNN 模型根据 $t-1$ 时刻的隐

藏层状态 h'_{t-1} 与 $t-1$ 时刻的输出 Y_{t-1} 来决定 t 时刻的输出 Y_t。

另一点,采用 Attention 机制的上下文向量 C 与 Decoder 端的隐藏层状态相关,不同的隐藏层状态将得到不同的上下文向量,C 不再是一个固定的向量,它会根据 Decoder 端的隐藏层状态动态适配。

举个例子,在未考虑 Attention 机制的模型中,"I like time series"被编码为一个固定长度的上下文向量 C,模型在翻译"喜欢"时就认为"喜欢"受到"I"" like"" time" "series"的影响是相同的,但是显然"喜欢"受到"like"的影响更大;在带有 Attention 机制的模型中,将输出"我"节点的隐藏层状态向量输入到 Encoder 端做匹配,让模型能够选择性地关注下一个词,即与"喜欢"相关的信息,与"喜欢"有直接关系的词为 "I""like"。

引入 Attention 机制后,Encoder 端不再是将输入编码为一个固定的上下文向量 C,而是多个上下文向量 $C_1, C_2, \cdots, C_n$,不同的上下文向量是输入序列根据不同权重参数的组合,在每次编码时都根据解码端的状态选择性地关注输入序列的相关部分,从而学习输入与输出之间的"对齐"关系。

Attention 机制本质上就是一个信息检索的过程。如图 7-5 所示,输入查询条件为 Query(q),根据查询条件匹配资源池中的关键字 Key(k),根据 q,k 计算信息 Value(v)的权重,根据权重与信息生成查询结果。

与图 7-4 所示的对照,q 对应 Decoder 端隐藏层状态,k 对应 Encoder 端隐藏层状态,v 也对应 Encoder 端隐藏层状态。在 NLP 任务中,Key 与 Value 往往是相同的。

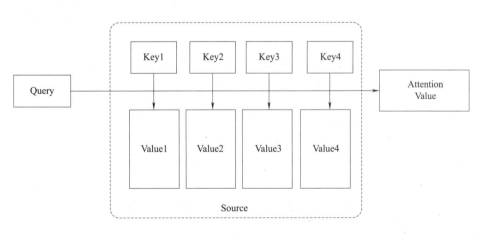

图 7-5

与 Attention 机制不同,在 Transformer 中使用了一种 Self-Attention 机制,即自注意力机制,它仅在 Encoder 或 Decoder 内部实现 Attention,而不需要将两者连接使用。

为了更好地说明 Self-Attention 机制的实现过程,图 7-6 所示给出了以下三步计算。注意,这三步是并行的,执行顺序不分先后。

首先来看 Step1 的执行过程：

（1）将输入序列分别乘以权重矩阵 $\boldsymbol{W}_q,\boldsymbol{W}_k,\boldsymbol{W}_v$，得到查询向量 $\boldsymbol{q}$、关键字向量 $\boldsymbol{k}$ 以及信息向量 $\boldsymbol{v}$。$q_1 = \boldsymbol{W}_q X_1, k_1 = \boldsymbol{W}_k X_1, v_1 = \boldsymbol{W}_v X_1$；$q_2 = \boldsymbol{W}_q X_2, k_2 = \boldsymbol{W}_k X_2, v_2 = \boldsymbol{W}_v X_2$；$\cdots$；$q_n = \boldsymbol{W}_q X_n, k_n = \boldsymbol{W}_k X_n, v_n = \boldsymbol{W}_v X_n$。注意，这里 $\boldsymbol{W}_q,\boldsymbol{W}_k,\boldsymbol{W}_v$ 是全局共享参数，也是模型需要学习的参数。

（2）开始计算 Attention 权重参数，因为这里计算的是 X_1 的权重，因此分别做 q_1 的点乘：$q_1 \cdot k_1, q_1 \cdot k_2, \cdots, q_1 \cdot k_n$。论文中为了保证训练的稳定性，将点乘修改为 $\dfrac{q_1 \cdot k_1}{\sqrt{d_k}}$，$\dfrac{q_1 \cdot k_2}{\sqrt{d_k}}, \cdots, \dfrac{q_1 \cdot k_n}{\sqrt{d_k}}$（其中，$d_k$ 表示关键字向量 $\boldsymbol{k}$ 的维度）。将 q_1 的所有点乘结果经过 SoftMax 运算得到所有权重：$a_{11}, a_{12}, \cdots, a_{1n}$。

（3）将权重与对应位置信息相乘，然后做一次累加，得到 X_1 对应的输出 Y_1：$Y_1 = a_{11} v_1 + a_{12} v_2 + \cdots + a_{1n} v_n$。

Step2 的执行过程与 Step1 完全一致，只是这里关注的对象是 X_2，因此 Attention 机制的查询向量都采用 q_2，分别做 q_2 的点乘：$\dfrac{q_2 \cdot k_1}{\sqrt{d_k}}$，$\dfrac{q_2 \cdot k_2}{\sqrt{d_k}}, \cdots, \dfrac{q_2 \cdot k_n}{\sqrt{d_k}}$。将 q_2 的所有点乘结果经过 SoftMax 运算得到所有权重：$a_{21}, a_{22}, \cdots, a_{2n}$，将权重与对应位置信息相乘，然后做一次累加，得到 X_2 对应的输出 Y_2，$Y_2 = a_{21} v_1 + a_{22} v_2 + \cdots + a_{2n} v_n$。

参照 Step1、Step2 的执行结果，直到序列的最后一个元素执行完毕。

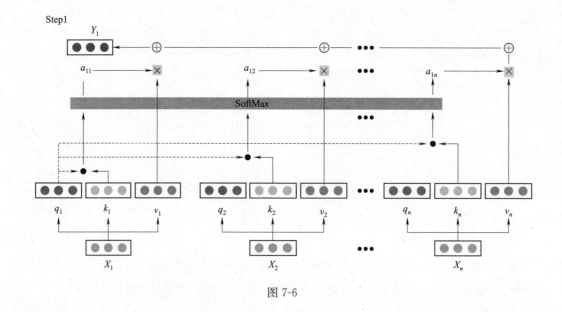

图 7-6

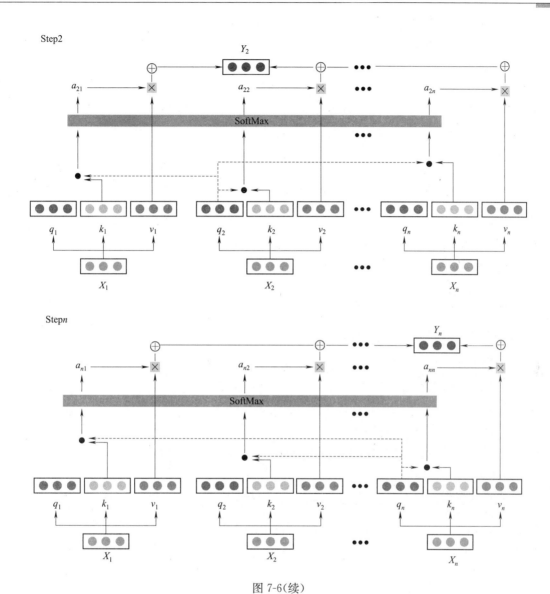

图 7-6(续)

从执行过程可以看出，Self-Attention 每一步都采用了全局关系捕捉，相比于 CNN 或 RNN，这种全局关系捕捉可以有效解决序列长期依赖问题；每一步计算都是可以并行的，这就极大减少了模型训练时间；整个计算只涉及 $\boldsymbol{W}_q$、$\boldsymbol{W}_k$、$\boldsymbol{W}_v$ 三个矩阵参数，复杂度较低。

其实 Transformer 也不是采用 Self-Attention，而是 Multi-Head Self-Attention，即多头注意力机制。图 7-7 所示的是 Multi-Head Self-Attention 一个五步计算的例子。

首先来看 Step1，X_1 与 X_2 都分别生成了两组 q、k、v，因此这里就需要 $\boldsymbol{W}_{q1}$、$\boldsymbol{W}_{k1}$、$\boldsymbol{W}_{v1}$ 与 $\boldsymbol{W}_{q2}$、$\boldsymbol{W}_{k2}$、$\boldsymbol{W}_{v2}$ 两组矩阵参数，计算过程如下：

$$X_1：q_{11}=\boldsymbol{W}_{q1}X_1, k_{11}=\boldsymbol{W}_{k1}X_1, v_{11}=\boldsymbol{W}_{v1}X_1；q_{12}=\boldsymbol{W}_{q2}X_1, k_{12}=\boldsymbol{W}_{k2}X_1, v_{12}=\boldsymbol{W}_{v2}X_1$$

$$X_2：q_{21}=\boldsymbol{W}_{q1}X_2, k_{21}=\boldsymbol{W}_{k1}X_2, v_{21}=\boldsymbol{W}_{v1}X_2；q_{22}=\boldsymbol{W}_{q2}X_2, k_{22}=\boldsymbol{W}_{k2}X_2, v_{22}=W_{v2}X_2$$

注意这两组矩阵参数也是全局共享的。

Step1 采用 q_{11} 查询,它只与 k_{11}、k_{21} 做点乘:$\dfrac{q_{11} \cdot k_{11}}{\sqrt{d_k}}$、$\dfrac{q_{11} \cdot k_{21}}{\sqrt{d_k}}$。将 q_{11} 的所有点乘结果经过 SoftMax 运算得到所有权重:a_{11}、a_{12},将权重与对应位置信息相乘,然后做一次累加,得到输出 Y_{11}:$Y_{11} = a_{11}v_{11} + a_{12}v_{21}$。注意,$q_{11}$ 对应第一个位置的查询,它只与每个元素第一个位置的 Key 做点乘。

Step2 采用 q_{12} 查询,它只与 k_{12}、k_{22} 做点乘:$\dfrac{q_{12} \cdot k_{12}}{\sqrt{d_k}}$、$\dfrac{q_{12} \cdot k_{22}}{\sqrt{d_k}}$。将 q_{12} 的所有点乘结果经过 SoftMax 运算得到所有权重:a'_{11}、a'_{12},将权重与对应位置信息相乘,然后做一次累加,得到输出 Y_{12}:$Y_{12} = a'_{11}v_{12} + a'_{12}v_{22}$。注意,$q_{12}$ 对应第二个位置的查询,它只与每个元素第二个位置的 Key 做点乘。

Step3 采用 q_{21} 查询,它只与 k_{11}、k_{21} 做点乘:$\dfrac{q_{21} \cdot k_{11}}{\sqrt{d_k}}$、$\dfrac{q_{21} \cdot k_{21}}{\sqrt{d_k}}$。将 q_{21} 的所有点乘结果经过 SoftMax 运算得到所有权重:a_{21}、a_{22},将权重与对应位置信息相乘,然后做一次累加,得到输出 Y_{21}:$Y_{21} = a_{21}v_{11} + a_{22}v_{21}$。

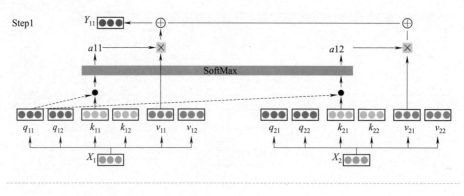

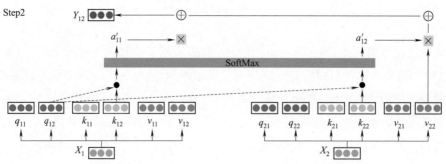

图 7-7

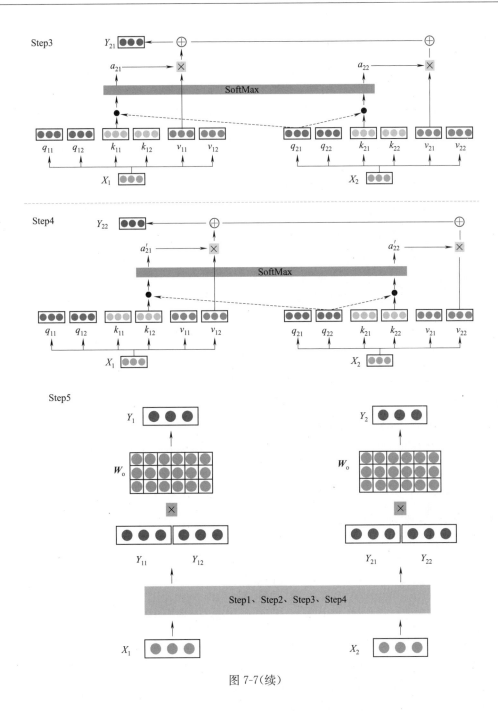

图 7-7(续)

Step4 采用 q_{22} 查询，它只与 k_{12}、k_{22} 做点乘：$\dfrac{q_{22} \cdot k_{12}}{\sqrt{d_k}}$、$\dfrac{q_{22} \cdot k_{22}}{\sqrt{d_k}}$。将 q_{22} 的所有点乘结果经过 SoftMax 运算得到所有权重：a'_{21}、a'_{22}，将权重与对应位置信息相乘，然后做一次累加，得到输出 Y_{22}：$Y_{22} = a'_{21}v_{12} + a'_{22}v_{22}$。

经过 Step1~4，输入 X_1 映射为输出 Y_{11}、Y_{12}，输入 X_2 映射为输出 Y_{21}、Y_{22}。这里需要

再设置一个参数矩阵 W_o，将 Y_{11}、Y_{12} 拼接，与 W_o 相乘得到 X_1 的输出 $Y_1 = W_o (Y_{11}, Y_{12})^T$，将 Y_{21}、Y_{22} 拼接，与 W_o 相乘得到 X_2 的输出 $Y_2 = W_o (Y_{21}, Y_{22})^T$。参数矩阵 W_o 也是全局共享参数。

Multi-Head Self-Attention 扩展了 Self-Attention 的表达能力，相当于在 Attention 层增加了多个"表达子空间"，在通常情况下，效果会有提升（在 Transformer 中实际使用了 8 组注意力头）。

Self-Attention 机制是在全局做关联查询，即每一个 q 与所有的 k 做点乘，这种机制在 Encoder 端没有问题，因为输入序列是确定的。但是在 Decoder 端，序列是按照顺序产生的，如图 7-8 所示，假设目前已经解码了 Y_1，准备解码 Y_2，那么此时 q_2 在做关联查询的时候只能关联 k_1、k_2（在翻译任务中 $Y_0 = X_1$，$Y_1 = X_2$，$\cdots$，即前一个解码信息作为后一个输入信息），相当于 k_3，$\cdots$，k_n 信息被遮挡了，导致 q_2 无法与这些信息关联。这种机制被称为 Masked Self-Attention，应用在 Decoder 端。

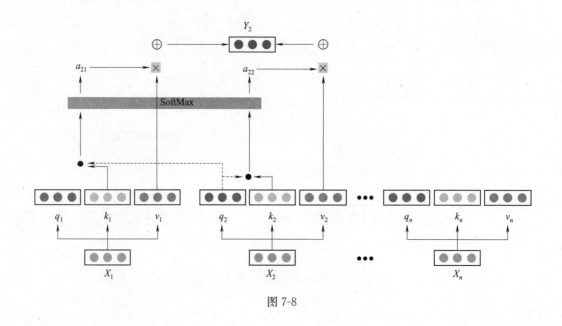

图 7-8

这样，Self-Attention 应用在 Encoder 端，Masked Self-Attention 应用在 Decoder 端，但是并没有像传统的 Attention 机制一样将 Encoder 与 Decoder 连接起来。前面介绍了 Attention 机制能够学习输入与输出之间的"对齐"关系，那么 Transformer 中当然也有类似的机制，这就是 Cross-Attention。

图 7-9 所示的是一个 Cross-Attention 的例子，它与 Self-Attention 的区别仅在于查询的条件来自 Decoder 端的 q，即通过 Decoder 端的 q 与 Encoder 端的所有 k 做关联，输入为 Y_t，输出为 v'_t，整个计算逻辑可以参照 Self-Attention。

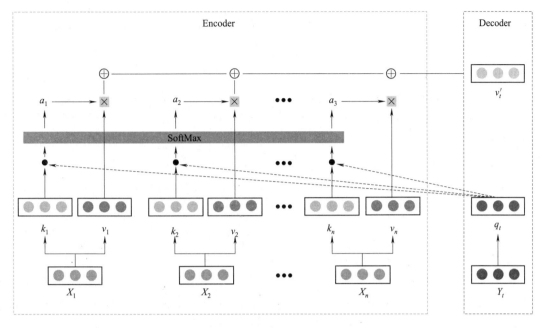

图 7-9

7.3　位置编码

位置编码（positional encoding）主要用于解析序列中的顺序信息。由于 Transformer 没有 RNN、CNN 中的顺序处理机制，为了使模型能够利用序列中的顺序信息，需要插入每个元素在序列中的相对位置或绝对位置信息。

在 Transformer 中采用不同频率的正弦、余弦函数作为位置编码，具体公式如下：

$$\mathrm{PE}(\mathrm{pos}, 2i) = \sin(\mathrm{pos}/10\ 000^{2i/d})$$

$$\mathrm{PE}(\mathrm{pos}, 2i+1) = \cos(\mathrm{pos}/10\ 000^{2i/d})$$

其中，pos 表示元素在序列中的位置，pos 的取值范围是 $[1, T]$；d 表示元素向量的维度；$2i$ 与 $2i+1$ 表示元素向量中的位置，i 的取值范围是 $[0, d/2)$。图 7-10 所示的是一个位置编码的例子。其中，序列长度为 T，序列中每个元素是一个长度为 4 的向量。

为什么要这样定义位置编码呢？原则上，定义位置编码需要满足以下两个条件。

(1)绝对位置：每个位置有一个唯一的位置编码。

(2)相对位置：两个位置之间的关系可以通过它们位置编码间的仿射变换来计算。

首先，sin、cos 函数能够满足位置编码的唯一性；其次，设序列中的两个位置分别为 pos1、pos2，且两个位置的关系满足 pos1+k=pos2，$k \geqslant 0$，根据正余弦函数的性质有：

$$\sin(\mathrm{pos}2) = \sin(\mathrm{pos}1+k) = \sin(\mathrm{pos}1)\cos k + \cos(\mathrm{pos}1)\sin k$$

$$\cos(pos2)=\cos\,(pos1+k)=\cos(pos1)\cos k-\sin\,(pos1)\sin k$$

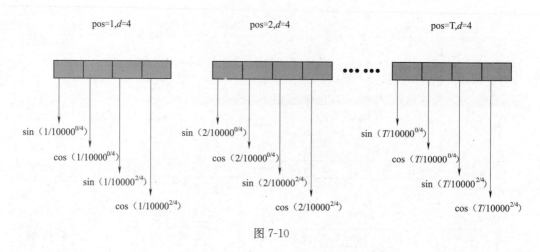

图 7-10

即位置 pos2 可以通过位置 pos1 经过线性变换得到。因此正余弦函数正好满足位置编码的要求。

至于为什么选择 10 000 作为底数,文章中并没有提到。我们可以通过代码仿真来做一些测试。按照文章要求,序列中每个元素的向量维度是 512,我们按照序列位置依次生成 256 个元素。

☞ 代码参见:第 7 章→**position_encoding**

```python
importmath
import numpy as np
import matplotlib.pyplot as plt


#  构建位置编码的序列向量矩阵
def bulid_matrixs(vals):
    matrixs = []
    for val in vals:
        matrix = []
        for pos in range(256):
            row = []
            for i in range(int(512 / 2)):
                row.append(math.sin((pos + 1) / val ** (2 * i / 512)))
                row.append(math.cos((pos + 1) / val ** (2 * i / 512)))
```

```
            matrix.append(row)

        matrixs.append(np.array(matrix))

    return matrixs


# 从序列中采样元素，计算两元素向量之间的余弦相似性
def compute_corr(matrixs, step):
    corrs = []
    for matrix in matrixs:
        corr_matrix = np.corrcoef(matrix[::step])
        corr_vals = []
        for i in range(len(corr_matrix) - 1):
            corr_vals.append(round(corr_matrix[i][i + 1], 2))

        corrs.append(corr_vals)

    return corrs



# 显示位置编码矩阵
def show(vals, matrixs):
    for i in range(len(vals)):
        val = vals[i]
        matrix = matrixs[i]
        ax = plt.matshow(matrix, fignum= 0)
        plt.colorbar(ax.colorbar, fraction= 0.025)
        plt.title("Val: " + str(val))
        plt.show()



# 比如 step= 50, 采样序列中位置 0, 50, 100, 150...的元素
step = 50

# 公式中底数的取值，采用多个底数做对比测试
vals = [1e1, 1e2, 1e3, 1e4, 1e5, 1e6, 1e7, 1e8]

matrixs = bulid_matrixs(vals)
```

```
corrs = compute_corr(matrixs, step)

print('step= {0}'.format(step))

for i in range(len(vals)):
    val = vals[i]
    corr = corrs[i]

    print('val= {0}'.format(val), corr)

show(vals, matrixs)
```

按照采样步长为 50,序列的余弦相似性如下:

```
step= 50
val= 10.0[0.04,0.08,0.08,0.08,0.08]
val= 100.0[- 0.2,0.03,0.04,0.04,0.03]
val= 1000.0[0.06,0.25,0.28,0.3,0.31]
val= 10000.0[0.26,0.39,0.41,0.43,0.44]
val= 100000.0[0.38,0.48,0.49,0.51,0.52]
val= 1000000.0[0.47,0.54,0.56,0.58,0.58]
val= 10000000.0[0.53,0.59,0.61,0.61,0.62]
val= 100000000.0[0.59,0.63,0.65,0.66,0.66]
```

底数 val 的值为 1e2、1e4、1e6、1e8,得到的位置编码矩阵如图 7-11 所示。其中,纵轴从上到下依次为按照位置顺序生成的元素,横轴从左到右依次为元素中向量的取值。

从图 7-11 所示中可以发现,元素向量值的排列更像是浅色背景中划过的深色条纹,随着 val 的增大,深色条纹逐渐收敛。结合采样序列的余弦相似性可以发现,这种收敛的好处是位置向量之间的相似性更高(可以任意修改采样步长,结论相同)。当 val 很小时,深色条纹发散,元素向量之间的相似性太低,导致位置间没有明显关联;当 val 很大时,深色条纹收敛,元素向量之间的相似性太高,导致位置间没有明显差别;因此 val 应该选择一个合适的值。这里须说明一点,val 的选取与数据规模有关。

关于位置编码,目前还没有一种很完美的方案能够标识位置信息,Transformer 中采用的正余弦函数方式,也是一种临时的解决方案。

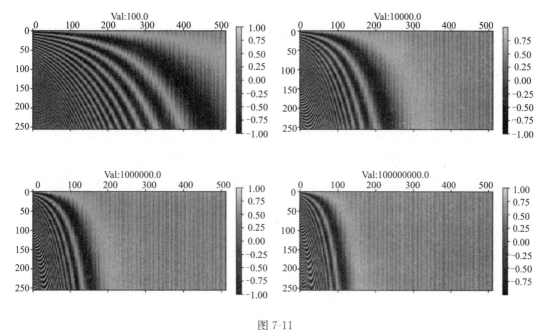

图 7-11

7.4　前馈网络（FFN）

在 Transformer 中，还采用了一种被称为 position-wise Feed-Forward Networksd 的网络结构，简称为 FFN，即前馈网络。如图 7-12 所示，它是由两层全连接的神经网络组成，其中第一层网络采用 relu 激活函数输出，第二层网络不采用激活函数，只进行线性变换。

一般地，第一层网络的输出维度大于第二层网络，原论文中第一层网络的输出维度是第二层网络的 4 倍，这一设计也是希望网络能够从输入中提取更多的有效信息。

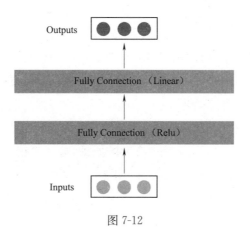

图 7-12

7.5　层归一化

层归一化(layer normalization,LN)与 Batch Normalization 的唯一区别是数据处理的维度不同。如图 7-13 所示,对于时序数据,一般由三个维度构成,即序列数量(batch size)、序列长度(Seq Len)以及序列中元素向量的维度(dimension)。对于 NLP 任务,元素向量为词向量;对于多元时间序列任务,元素向量为时间序列某一时刻的数据。

从图 7-13 中可以看出,Batch Normalization 是对列进行缩放,Layer Normalization 是对行进行缩放。举个例子,假设有三列数据分别为"身高、体重、年龄",那么 BN 是分别对身高、体重、年龄进行缩放;而 LN 是对身高、体重、年龄的每一行进行缩放。

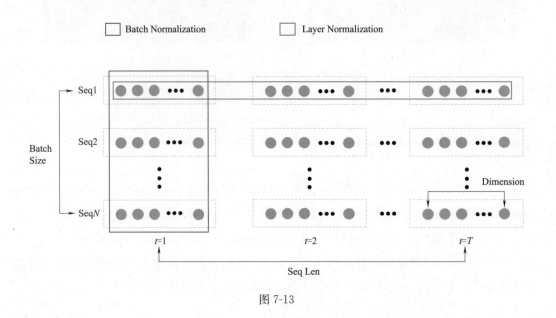

图 7-13

既然 LN 对所有特征进行缩放,那么像身高、体重、年龄这类不同特征的量纲放在一起明显不合适。但是从 NLP 的角度分析,BN 相当于对每句话的第一个词做缩放,这显然没有考虑语句中前后词之间的关联性,此外 Batch Size 的大小直接影响 BN 的效果;而 LN 是针对每句话做缩放,这样就非常合理了。

LN 与 BN 的区别仅在于数据处理的维度不同,因为计算过程完全相同,因此可以参考前面介绍 BN 的计算过程。看懂了 BN 与 LN 的原理,如果考虑对多元时间序列做 LN,需要保证所有的列采用同一量纲(可以采用归一化)。

7.6　Transformer 模型结构

下面解析 Transformer 模型结构,如图 7-14 所示,Transformer 模型采用 Encoder-Decoder 框架,输入为 Encoder 端的 Inputs,输出为 Decoder 端的 Outputs 以及 Output Probabilities。

举一个机器翻译的例子,Inputs ＝"machine learning",Outputs 从"start"开始(起始位置),Output Probabilities 输出一组概率["学":0.1,"机":0.8,"器":0.,…],因此输出为"机";接下来 Outputs 为"start 机",Output Probabilities 输出一组概率["学":0.1,"器":0.7.,"翼":0.,…],因此输出为"器",接下来 Outputs 为"start 机 器",依此类推,直到输出为"end"(终止位置)。

先来看 Encoder 部分,从下到上:输入信息(Inputs)与位置编码(Positional Encoding)信息对应相加,这一步的主要作用是为了输入信息添加位置信息;然后执行 Multi-Head Self-Attention 运算,将运算结果与(输入＋位置)信息相加,其实就是残差模块,如果(输入＋位置)信息已经具备了注意力机制,Multi-Head Self-Attention 运算将不起作用,然后经过层归一化(Layer Normlization);最后经过一层前馈神经网络层(FFN),这里同样采用了残差模块,再经过层归一化输出 Encoder 部分编码结果。

再来看 Decoder 部分,假设我们去掉 Multi-Head Cross-Attention 层(包括对应往上的 Layer Normlization 层)以及 Linear＋SoftMax 层,Decoder 部分与 Encoder 部分几乎完全一样,差别仅在于 Encoder 部分使用 Multi-Head Self-Attention,而 Decoder 部分使用 Masked Multi-Head Self-Attention,因此重复过程不再叙述。

这里重点关注 Multi-Head Cross-Attention 层,Encoder 端的输出 $E_1, E_2, \cdots, E_n$ 作为输入映射为 K(key)与 V(value)两类向量,Decoder 端的信息作为输入映射为 Q(query)向量,然后就可以参照图 7-14 的计算过程,Q 通过查询 K、V 输出结果。

Linear＋SoftMax 层,其实是先经过一层 Linear,即一层全连接神经网络,它与 Fully Connection 的区别是没有激活函数,仅是一层线性变换,然后经过 SoftMax 层输出概率信息。

Transformer 中采用了三种多头(Multi-Head)注意力机制,即 Self-Attention、Masked Self-Attention 和 Cross-Attention,它们的计算原理在本质上都属于 Self-Attention。每层计算模块采用了残差模块结构,再经过 Layer Normlization 处理,这些都属于网络调优的方法。

图 7-14 所示的其实仅展示了 Transformer 的一层结构,论文中 Transformer 的模型结构如图 7-15 所示,它是一个 6 层结构的 Encoder-Decoder 模型,输入经过 6 层 Encoder 层计算,将结果分别与 6 层 Decoder 层做 Multi-Head Cross-Attention。

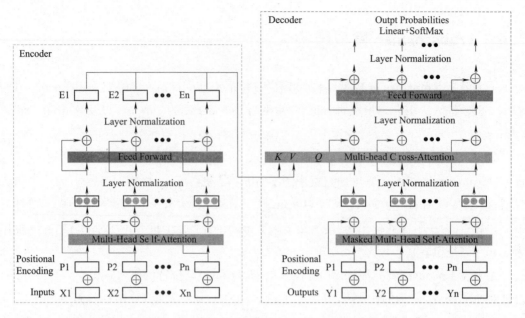

图 7-14

如果把 Transformer 模型完全展开，它是一个深度神经网络模型（一般超过 5 层即为深度神经网络），那么采用如层归一化和残差模块这些方法就非常有必要了。

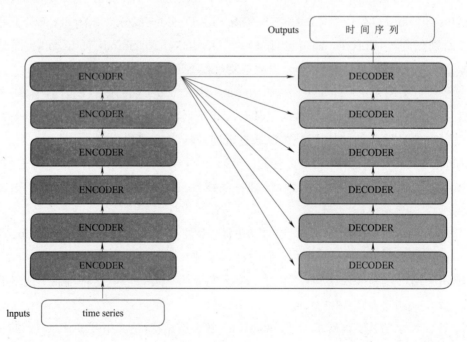

图 7-15

7.7　Transformer 实战

下面进行代码实战,首先我们来构建一个适用于时间序列处理的 Transformer 模型。如图 7-16 所示,Encoder 端输入长度为 5 的时间序列为 t_1, t_2, t_3, t_4, t_5,经过 Inputs Embedding(这里是一层全连接神经网络层),再经过 Position Encoding,最后经过两层 Encoder Layer 层输出编码信息;Decoder 端输入长度为 2 的时间序列为 t_5, t_6。注意,这里 t_5 是 Encoder 与 Decoder 的相交部分,同样经过 Inputs Embedding、Position Encoding 以及两层 Decoder Layer 层,最后的结果预测为两个步长。因此在输出加入两个全连接的神经网络层分别输出两步结果。注意,这里定义输出为 t_6, t_7,t_6 是 Deocder 输入与输出的相交部分。

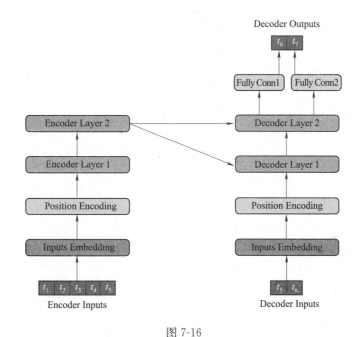

图 7-16

要实现 Encoder、Decoder,需要实现 3 个模块:Attention、PositionEncoding 和FeedForward。

首先来实现 Attention 类,由于实战中没有使用 Masked Multi-Head Self-Attention,因此这里只给出 Multi-Head Self-Attention 的实现。

这里的重点在于理解矩阵运算。以 q 向量的计算举例说明,如图 7-17 所示,假设采用的多头数量为 3,按照理论输入向量 $\boldsymbol{X}_1$ 需要分别乘以 W_{q1}, W_{q2}, W_{q3},得到 $\boldsymbol{q}_{11}, \boldsymbol{q}_{12}, \boldsymbol{q}_{13}$,在实际中,我们直接令 W_{q1}, W_{q2}, W_{q3} 合并为 W_q,这样 $\boldsymbol{X}_1$ 只需要经过一次相乘就可以得到所有的 q 向量。以同样的方法生成 $\boldsymbol{k}$、$\boldsymbol{v}$ 向量。

由于整个多头注意力机制都采用了矩阵运算,建议可以对代码进行简单的输入测试,打印每一步的运算结果,以便更好地理解实现过程。

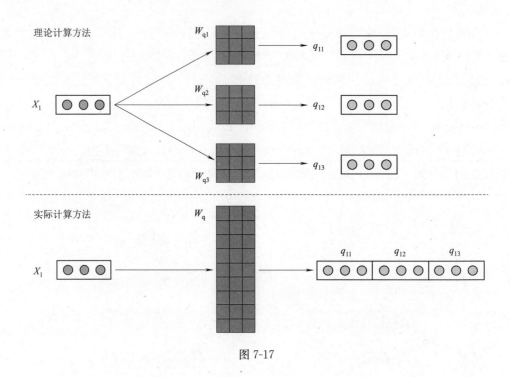

图 7-17

☞ **代码参见:第 7 章→transformer_model**

首先是 MultiHeadAttention,这是 Attention 计算的核心模块。

```
importmath
import numpy as np
import tensorflow as tf


# 多头注意力机制
class MultiHeadAttention(tf.keras.layers.Layer):
    # atten_dim: attention q\\k\\v 的向量维度
    # head_num: multi- head attention 多头的数量
    # atten_output_dim: 经过 attention 层每个元素输出的维度
```

```python
def __init__(self, atten_dim, head_num, atten_output_dim):
    super(MultiHeadAttention, self).__init__()

    self.atten_dim = atten_dim
    self.head_num = head_num
    self.multi_output_dim = atten_dim * head_num

    # 矩阵乘法, 将输入转换为 q、k、v 向量, 不使用偏置项与激活函数
    self.W_q = tf.keras.layers.Dense(units= self.multi_output_dim,
                                    activation= None, use_bias= False)
    self.W_k = tf.keras.layers.Dense(units= self.multi_output_dim,
                                    activation= None, use_bias= False)
    self.W_v = tf.keras.layers.Dense(units= self.multi_output_dim,
                                    activation= None, use_bias= False)

    # multi- head attention 多头合并输出
    self.W_combine = tf.keras.layers.Dense(units= atten_output_dim,
                                        activation= None, use_bias= False)

def call(self, q, k, v):
    batch_size_q, seq_len_q = int(tf.shape(q)[0]), int(tf.shape(q)[1])
    batch_size_k, seq_len_k = int(tf.shape(k)[0]), int(tf.shape(k)[1])
    batch_size_v, seq_len_v = int(tf.shape(v)[0]), int(tf.shape(v)[1])

    q = self.W_q(q)
    k = self.W_k(k)
    v = self.W_v(v)

    # 维度:batch_size \\ head_num \\ seq_len \\ attention_dim
    q = tf.reshape(q, [batch_size_q, seq_len_q,
                    self.head_num, self.atten_dim])
    q = tf.transpose(q, perm= [0, 2, 1, 3])

    k = tf.reshape(k, [batch_size_k, seq_len_k,
                    self.head_num, self.atten_dim])
    k = tf.transpose(k, perm= [0, 2, 1, 3])
```

```
            v = tf.reshape(v, [batch_size_v, seq_len_v,
                              self.head_num, self.atten_dim])
        v = tf.transpose(v, perm= [0, 2, 1, 3])

        # 计算 attention 向量
        matmul_qk = tf.matmul(q, k, transpose_b= True)
        dk = tf.math.sqrt(tf.cast(self.atten_dim, dtype= 'float32'))
        attention_vec = matmul_qk / dk

        # 经过 SoftMax 计算 attention 权重
        attention_weights = tf.nn.softmax(attention_vec, axis= - 1)

        # 计算多头注意力
        multi_outputs = tf.matmul(attention_weights, v)

        # 维度:batch_size\\ seq_len\\ multi_output_dim
        multi_outputs = tf.transpose(multi_outputs, perm= [0, 2, 1, 3])
        size = (batch_size_q, seq_len_q, self.multi_output_dim)
        multi_outputs = tf.reshape(multi_outputs, size)

        # 合并多头注意力
        outputs = self.W_combine(multi_outputs)

        return outputs
```

然后是 PositionEncoding,在模型的输入层对数据进行位置编码。

```
# 位置编码
class PositionEncoding(tf.keras.layers.Layer):
    def __init__(self, base_val):
        super(PositionEncoding, self).__init__()

        self.base_val = float(base_val)

    def call(self, inputs):
        seq_len = int(tf.shape(inputs)[1])
        dimension = int(tf.shape(inputs)[2])
```

```
        pos_vec = np.arange(seq_len)
        i_vec = np.arange(dimension / 2)


        pos_embedding = []
        for pos in pos_vec:
            p = []
            for i in i_vec:
                #  PE_2i(p) = sin(p/10000^(2i/d_pos))
                #  PE_2i+ 1(p) = cos(p/10000^(2i/d_pos))
                p.append(math.sin(pos / self.base_val ** (2 * i / dimension)))
                p.append(math.cos(pos / self.base_val ** (2 * i / dimension)))


            # 经过上面运算, p向量的维度是偶数, 考虑 dimension 为奇数的情况
            # 保证位置编码向量与输入向量维度一致
            p = p[0:int(dimension)]
            pos_embedding.append(p)


        pos_embedding = tf.cast(pos_embedding, dtype= 'float32')


        outputs = inputs + pos_embedding


        return outputs
```

最后是 FeedForward, 作为模型中的一个前馈神经网络。

```
# 前馈网络
class FeedForward(tf.keras.layers.Layer):
    def __init__(self, dff, atten_output_dim):
        super(FeedForward, self).__init__()


        self.layer1 = tf.keras.layers.Dense(units= dff, activation= 'relu')
        self.layer2 = tf.keras.layers.Dense(units= atten_output_dim,
                                            activation= None)


    def call(self, inputs):
        val1 = self.layer1(inputs)
        outputs = self.layer2(val1)
```

```
        return outputs
```

对编码器进行封装,先封装编码器层,再封装为编码器。

```
# 编码器网络层
class EncoderLayer(tf.keras.layers.Layer):
    def __init__(self, atten_dim, head_num, atten_output_dim, dff, dropout_rate):
        super(EncoderLayer, self).__init__()

        self.multi_head_attention = MultiHeadAttention(atten_dim, head_num,
                                                            atten_output_
                                                            dim)

        self.feed_forward = FeedForward(dff, atten_output_dim)

        self.layer_norm1 = tf.keras.layers.LayerNormalization()
        self.layer_norm2 = tf.keras.layers.LayerNormalization()

        self.dropout1 = tf.keras.layers.Dropout(dropout_rate)
        self.dropout2 = tf.keras.layers.Dropout(dropout_rate)

    def call(self, inputs, training):
        # multi- head attention
        attention_outputs = self.multi_head_attention(q= inputs, k= inputs,
                                                            v= inputs)
        attention_outputs = self.dropout1(attention_outputs, training= training)
        output1 = self.layer_norm1(inputs + attention_outputs)

        # feed forward network
        feed_forward_outputs = self.feed_forward(output1)
        feed_forward_outputs = self.dropout2(feed_forward_outputs,
                                                    training= training)
        output2 = self.layer_norm2(output1 + feed_forward_outputs)

        return output2


# 编码器
class Encoder(tf.keras.layers.Layer):
```

```python
    def __init__(self, encoder_num_layers, atten_dim, head_num,
                 atten_output_dim, dff, dropout_rate, base_val= 10.):
        super(Encoder, self).__init__()

        self.inputs_embedding = tf.keras.layers.Dense(units= atten_output_dim,
                                                      activation = '
                                                      relu')

        self.position_encoding = PositionEncoding(base_val)

        self.encoder_layers = [EncoderLayer(atten_dim, head_num,
                                           atten_output_dim, dff, dropout_rate)
                                           for _ in range(encoder_num_layers)]

    def call(self, inputs, training):
        inputs = self.inputs_embedding(inputs)
        inputs = self.position_encoding(inputs)

        outputs = inputs
        for encoder_layer in self.encoder_layers:
            outputs = encoder_layer(outputs, training)

        return outputs
```

对解码器进行封装,先封装解码器层,再封装为解码器。

```python
# 解码器网络层
class DecoderLayer(tf.keras.layers.Layer):
    def __init__(self, atten_dim, head_num, atten_output_dim, dff, dropout_rate):
        super(DecoderLayer, self).__init__()

        self.multi_head_attention1 = MultiHeadAttention(atten_dim, head_num,
                                                       atten_output_
                                                       dim)
        self.multi_head_attention2 = MultiHeadAttention(atten_dim, head_num,
                                                       atten_output_
                                                       dim)
```

```python
        self.feed_forward = FeedForward(dff, atten_output_dim)

        self.layer_norm1 = tf.keras.layers.LayerNormalization()
        self.layer_norm2 = tf.keras.layers.LayerNormalization()
        self.layer_norm3 = tf.keras.layers.LayerNormalization()

        self.dropout1 = tf.keras.layers.Dropout(dropout_rate)
        self.dropout2 = tf.keras.layers.Dropout(dropout_rate)
        self.dropout3 = tf.keras.layers.Dropout(dropout_rate)

    def call(self, inputs, encoder_outputs, training):
        # multi-head attention
        attention_outputs1 = self.multi_head_attention1(q= inputs, k= inputs,
                                                        v= inputs)
        attention_outputs1 = self.dropout1(attention_outputs1,
                                                    training= training)
        output1 = self.layer_norm1(inputs + attention_outputs1)

        # multi-head cross-attention
        attention_outputs2 = self.multi_head_attention2(q= output1,
                                        k= encoder_outputs, v= encoder_outputs)
        attention_outputs2 = self.dropout2(attention_outputs2,
                                                    training= training)
        output2 = self.layer_norm2(output1 + attention_outputs2)

        # feed forward network
        feed_forward_outputs = self.feed_forward(output2)
        feed_forward_outputs = self.dropout3(feed_forward_outputs,
                                                    training= training)
        output3 = self.layer_norm3(output2 + feed_forward_outputs)

        return output3


# 解码器
class Decoder(tf.keras.layers.Layer):
    def __init__(self, decoder_num_layers, atten_dim, head_num, atten_output_dim, dff,
dropout_rate, base_val= 10.):
        super(Decoder, self).__init__()
```

```python
        self.inputs_embedding = tf.keras.layers.Dense(units= atten_output_dim,
                                                       activation = '
                                                       relu')


        self.position_encoding = PositionEncoding(base_val)


        self.decoder_layers = [DecoderLayer(atten_dim, head_num,
                                    atten_output_dim, dff, dropout_rate)
                                    for _ in range(decoder_num_layers)]

    def call(self, decoder_inputs, encoder_outputs, training):
        decoder_inputs = self.inputs_embedding(decoder_inputs)
        decoder_inputs = self.position_encoding(decoder_inputs)

        outputs = decoder_inputs
        for decoder_layer in self.decoder_layers:
            outputs = decoder_layer(outputs, encoder_outputs, training)

        return outputs
```

最后将编码器与解码器封装为 Transformer。

```python
# Transformer 模型
class Transformer(tf.keras.Model):
    def __init__(self, encoder_num_layers, decoder_num_layers, atten_dim,
            head_num, atten_output_dim, dff, dropout_rate, output_len, output_dim):
        super(Transformer, self).__init__()

        self.output_len = output_len
        self.output_dim = output_dim

        self.encoder = Encoder(encoder_num_layers, atten_dim, head_num,
                                    atten_output_dim, dff, dropout_rate)

        self.decoder = Decoder(decoder_num_layers, atten_dim, head_num,
                                    atten_output_dim, dff, dropout_rate)
```

```
        self.output_heads = [tf.keras.layers.Dense(output_dim)
                                    for _ in range(output_len)]


def call(self, encoder_inputs, decoder_inputs, training= None):
    batch_size = int(tf.shape(decoder_inputs)[0])

    encoder_outputs = self.encoder(encoder_inputs, training)

    decoder_outputs = self.decoder(decoder_inputs, encoder_outputs, training)
    decoder_outputs = tf.reshape(decoder_outputs, [batch_size, - 1])

    # Decoder 输出向量经过全连接神经网络，每一步输出都是一个全连接神经网络计算结果
    outputs = None
    for output_head in self.output_heads:
        if outputs is None:
            outputs = output_head(decoder_outputs)
        else:
            outputs = tf.concat([outputs, output_head(decoder_outputs)],
                                                            axis= - 1)

    outputs = tf.reshape(outputs, shape= [batch_size, self.output_len,
                                                    self. output
                                                    _dim])

    return outputs
```

以上就是 Transformer 模型的构建过程。下面开始加载数据，准备模型训练。由于模型输入、输出与之前不同，因此构造训练集、验证集、测试集的 build_data()函数需要重新定义。

☞ **代码参见：第 7 章→transformer_data**（具体内容参见代码资源）

最后就是模型训练与效果展示。

对于模型训练，由于自定义了 Transformer 模型，因此训练过程需要自定义实现。这一

次我们不采用提前终止的方法训练模型,而是保存每一次训练的模型结果,选择在验证集上表现最好的模型作为最终结果。

对于效果展示,由于模型输入、输出与之前不同,因此模型效果展示 model_pred()函数需要重新定义。注意这里与之前相比的主要区别在于,当模型预测了一个步长的结果时,需要考虑对 Encoder、Decoder 的输入做修改。

☞ **代码参见:第 7 章→run**(具体内容参见代码资源)

Transformer 模型部分训练过程如图 7-18 所示。由图 7-18 所示可以看到,在第 635 个 epoch 的模型达到了最优解。

```
min_valid_mse: 0.0023401700891554356,min_epoch: 635

epoch: 630, train_mse: 0.0033326619304716587, valid_mse: 0.003421217668801546
epoch: 631, train_mse: 0.002339699072763324, valid_mse: 0.0025087313260883093
epoch: 632, train_mse: 0.0026782331988215446, valid_mse: 0.002943240338936448
epoch: 633, train_mse: 0.0029357653111219406, valid_mse: 0.0023875380866229534
epoch: 634, train_mse: 0.00308982236310839665, valid_mse: 0.0024881968274712563
epoch: 635, train_mse: 0.0027428942266851664, valid_mse: 0.0023401700891554356
epoch: 636, train_mse: 0.0026510637253522873, valid_mse: 0.002369895577430725
epoch: 637, train_mse: 0.0026381846982985735, valid_mse: 0.0024495755787938833
epoch: 638, train_mse: 0.0024212899152189493, valid_mse: 0.0024541683960705996
epoch: 639, train_mse: 0.002584880217909813, valid_mse: 0.0024870806373655796
epoch: 640, train_mse: 0.002638938371092081, valid_mse: 0.002399780787527561
```

图 7-18

训练 Transformer 模型结果如下:

```
train data pred 1 step:
    hs300_closing_price mae: 67.60095480863056
    hs300_yield_rate mae: 0.009925722691878837
```

结果如图 7-19 所示。

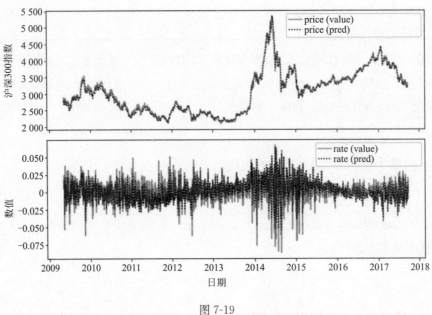

图 7-19

```
valid data pred 1 step:
    hs300_closing_price mae: 52.31059140957928
    hs300_yield_rate mae: 0.010055546628272351
```

结果如图 7-20 所示。

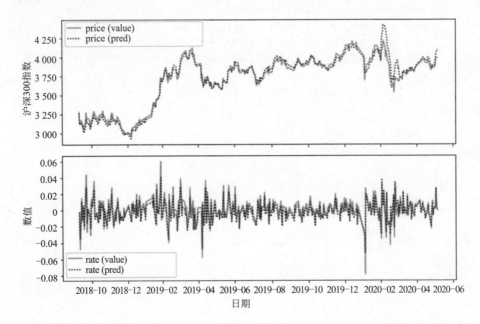

图 7-20

```
test data pred 1 step:
    hs300_closing_price mae: 101.05767617239542
    hs300_yield_rate mae: 0.011796845232006295
```

结果如图 7-21 所示。

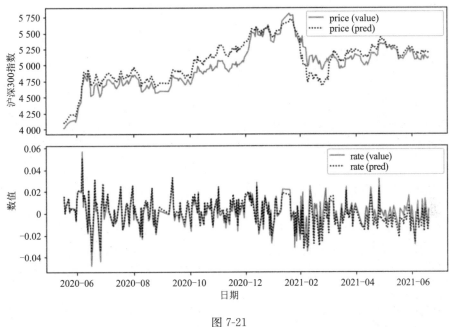

图 7-21

```
train data pred 3 step:
    hs300_closing_price mae: 84.5683925844665
    hs300_yield_rate mae: 0.009978942125617462
```

结果如图 7-22 所示。

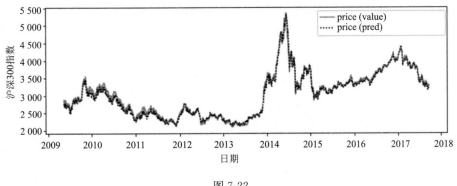

图 7-22

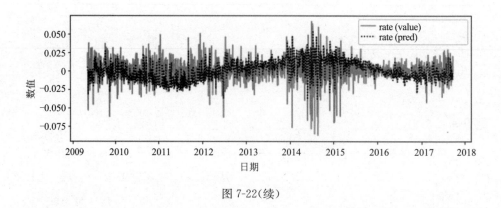

图 7-22(续)

```
valid data pred 3 step:
    hs300_closing_price mae: 61.52089181058331
    hs300_yield_rate mae: 0.010032725592691505
```

结果如图 7-23 所示。

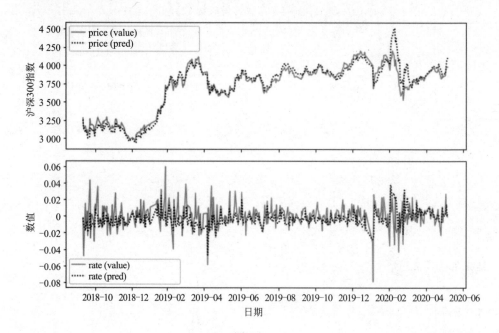

图 7-23

```
test data pred 3 step:
    hs300_closing_price mae: 114.25312949594922
    hs300_yield_rate mae: 0.011982702408159575
```

结果如图 7-24 所示。

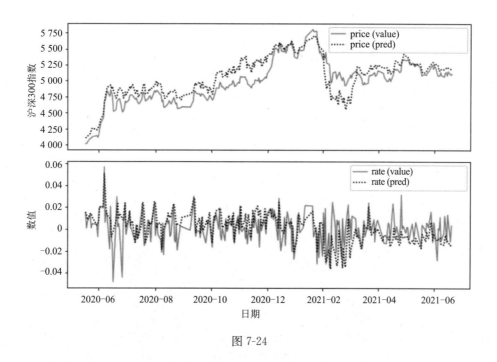

图 7-24

从结果来看,Transformer 的效果与 RNN 相似,都弱于 TCN。对于不同的时间序列任务,很难说明哪一种模型的效果更好,逼近最优解的唯一方法就是多尝试。再次强调深度学习一般不适用于金融时间序列,这里只是为了实战演示使用。

Transformer 在训练时效上也是远低于 RNN 与 TCN,但它确是为时间序列建模提供了一种新的方法,它抛弃了传统时序建模中对序列前后关系的依赖,转而采用 Attention 与 Position Encoding 作为解决时序问题的方法,也可以尝试放弃 Transformer 结构,只采用 Attention 与 Position Encoding 来构建一个时序处理模型,这里不再展开。

注意,Transformer 不仅在机器翻译等序列处理方面取得了成功,在图数据处理方面也同样取得了不错的成绩,2021 年,OGB-LSC 的冠军模型 Graphormer 正是借鉴了 Transformer 的思想,将其引入到图数据处理中。

附录A

数据集介绍

本书中使用的数据主要包含五张数据表，包括 hs300、econ、credit、us_index、shibor，下面分别介绍。

A.1　数据集

1. hs300 数据表

hs300 数据表包含沪深 300 以及两市的融资信息，时间为 2010-04-01—2021-07-20。

列名	类型	含义	示例
date	DateTime	日期	2021—07—20
hs300_highest_price	Float	沪深 300 最高价	5 114.003 3
hs300_lowest_price	Float	沪深 300 最低价	5 067.861 9
hs300_closing_price	Float	沪深 300 收盘价	5 108.99
hs300_yield_rate	Float	沪深 300 日收益率	−0.000 9
hs300_turnover	Float	沪深 300 成交量(股)	12 930 004 400
hs300_transaction_amount	Float	沪深 300 成交金额(元)	283 543 130 755
financing_balance	Float	融资余额(亿元)	16 507
financing_balance_ratio	Float	融资余额占流通市值比	0.023 7
financing_buy	Float	融资买入额(亿元)	806.3
financing_repay	Float	融资偿还额(亿元)	785.4
financing_net_buy	Float	融资净买入(亿元)	20.88

2. econ 数据表

econ 数据表包含宏观经济信息，时间为 2010-04—2021-07。

列名	类型	含义	示例
date	DateTime	日期	2021-07
CPI_Index	Float	CPI 指数	101
CPI_YoY	Float	CPI 同比	0.01
PPI_Index	Float	PPI 指数	109

续上表

列名	类型	含义	示例
PPI_YoY	Float	PPI 同比	0.09
PMI_MI_Index	Float	制造业 PMI 指数	50.4
PMI_MI_YoY	Float	制造业 PMI 同比	−0.013 7
PMI_NMI_Index	Float	非制造业 PMI 指数	53.3
PMI_NMI_YoY	Float	非制造业 PMI 同比	−0.016 6
M2_Val	Float	M2 数量(亿)	2 302 200
M2_YoY	Float	M2 同比	0.083
M1_Val	Float	M1 数量(亿)	620 400
M1_YoY	Float	M1 同比	0.049

3. credit 数据表

crdeit 数据表包含新增信贷信息,时间为 2010-04—2021-07。

列名	类型	含义	示例
date	DateTime	日期	2021-07
credit_mon_val	Float	当月新增信贷额度(亿元)	8 391
credit_mon_YoY	Float	当月新增信贷额度同比	−0.179
credit_mon_MoM	Float	当月新增信贷额度环比	−0.638
credit_acc_val	Float	累计信贷额度(亿元)	137 813
credit_acc_YoY	Float	累计信贷额度同比	0.032 3

4. us_index 数据表

us_index 数据表包含美元指数与 10 年期美债收益率信息,时间为 2010-04-01—2021-07-20。

列名	类型	含义	示例
date	DateTime	日期	2021-07-20
ust_closing_price	Float	10 年期美债收益率收盘价	1.22
ust_extent	Float	10 年期美债收益率涨跌幅	0.019 3
usdx_closing_price	Float	美元指数收盘价	92.96
usdx_extent	Float	美元指数涨跌幅	0.000 8

5. shibor 数据表

shibor 数据表包含银行间同业拆放利率信息,时间为 2010-04-01—2021-07-20。

列名	类型	含义	示例
date	DateTime	日期	2021-07-20
O/N	Float	隔夜利率	0.021 8
1W	Float	1 周利率	0.022
2W	Float	2 周利率	0.022 6
1M	Float	1 个月利率	0.023 1
3M	Float	3 个月利率	0.024
6M	Float	6 个月利率	0.025 3
9M	Float	9 个月利率	0.027 5
1Y	Float	1 年利率	0.028

A.2   数据可视化

本书中对于时间序列算法建模实战部分使用的数据,主要来自以上 5 张数据表。其中,以 hs300 数据表作为目标对象,其他表提供辅助的预测信息(作为特征维度表)。我们先对 5 张数据表中的部分数据做时序可视化。

☞ 代码参见:附录→data_visual(具体内容参见代码资源)

(1)hs300 数据表时序可视化结果如图 A-1 所示。

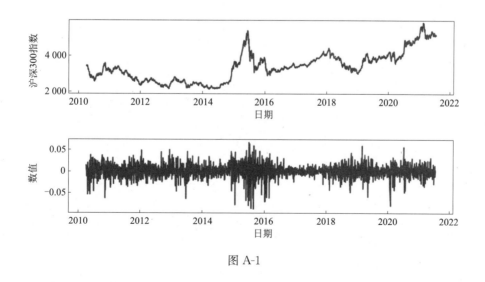

图 A-1

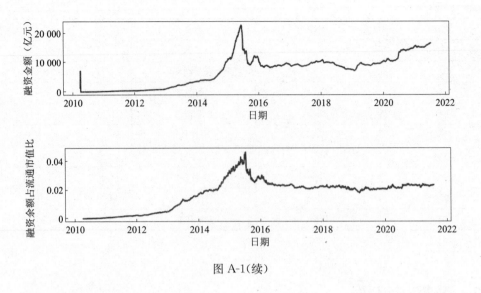

图 A-1(续)

(2)econ 数据表时序可视化结果如图 A-2 所示。

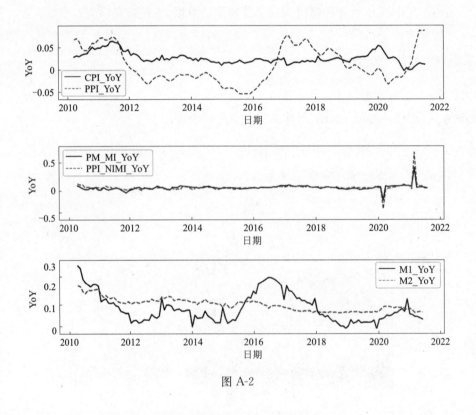

图 A-2

(3)credit 数据表时序可视化结果如图 A-3 所示。

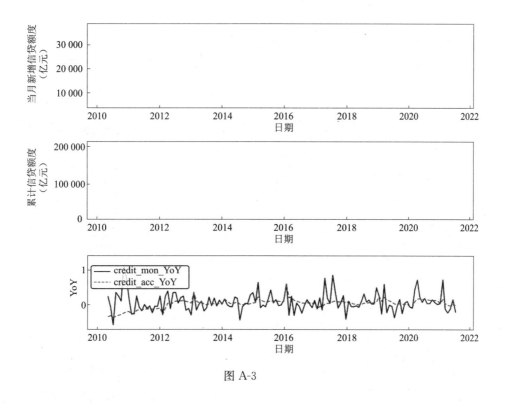

图 A-3

（4）us_index 数据表时序可视化结果如图 A-4 所示。

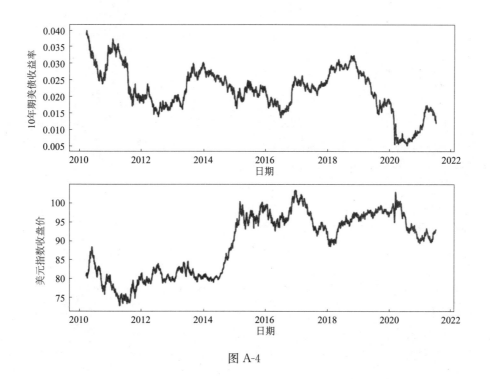

图 A-4

（5）shibor 数据表时序可视化结果如图 A-5 所示。

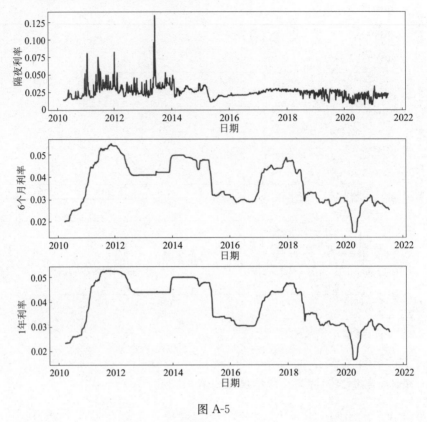

图 A-5

A.3 数据处理

接下来按照时间维度合并这 5 张数据表。注意，美元指数与 10 年期美债收益率由于节假日等因素与 A 股不同步，存在缺失值；econ、stock_account 数据是按月统计，与沪深 300 按天统计结果相比存在一个月的延迟。

☞ **代码参见:附录→data_process**(具体内容参见代码资源)

在每一章节中加载数据时，我们统一使用合并后的结果 informations.csv。